誰偷走了
農地？

影響每一個人的
台灣農業與農地公平正義

彭作奎 著

第二篇　政府掠奪農地的真相

第三篇 防止另類農地大浩劫的配套

第四篇　突破小農發展限制的策略

第五篇 臨危受命當救火員

第六篇　人生經營的因緣

推薦序

堅持農業良心捍衛農地的鬥士

趙守博
前總統府資政、台灣省政府主席、
行政院祕書長、勞委會主任委員

彭作奎兄的大著《誰偷走了農地？影響每一個人的台灣農業與農地公平正義》出版問世，可賀可喜。談起農地，我不禁想起一九九九年當時身任行政院農委會主委的彭作奎兄，為了反對開放新購農地得興建農舍而辭職，以堅持「政務官為政策負責」之原則的往事。多年來，彭作奎兄不改初衷地為了捍衛農地而奮戰努力，而他始終所堅持的就是他引以為傲的「農業良心」，可以說，作奎兄是一位堅持農業良心捍衛農地的鬥士。

作奎兄與我都是在美國伊利諾大學修讀博士，他學的是農業經濟，我學的是法律，他比我年輕了五、六歲；所以，我們有前後期同學的關係。我認識作奎兄是他於中興大學擔任教授與院長職務的時候。自此，他就成為我的一位好友。

他學有專精，是國內一位很受敬重的農經學者，曾於一九九七年以學者從政被延攬入閣出任行政院農委會主任委員，惜因農地政策問題而自動辭職。離開政府之後，他重回學術崗位，先後擔任了中興大學、環球技術學院及中州技術學院的校長，及亞洲大學講座教授兼副校長，一直在作育英才，對國家社會很有貢獻。

作奎兄始終為台灣農業的發展付出心力，他認為農業為國家的基本產業，而農地又是具有公共財特性的農業生產所不可或缺的生產要素。也因而他一直抱持維護「農地農用」的堅定立場。

然而，台灣的農地之被濫用、誤用、占用，似乎愈來愈嚴重，所以，才會發生農地上的農舍變豪宅，農地之上一大堆地下工廠的現象。對此，作奎兄非常憂心，也從不放棄他要使農地真正農用的初衷和奮鬥。

作奎兄在他的新書中，闡釋農地之重要性，指出台灣農地被濫用的亂象，更嚴厲批判為了選票、為了選舉，而背叛、犧牲「農地農用」的做法；其為農地請命、為農地奮戰以及捍衛農地的說法與做法，對我們的社會大眾而言，真是「當頭棒喝」、「醍醐灌頂」。

我希望所有當政者，都能好好研讀作奎兄的大作，並在政策上及施政作為上不要偏離「農地農用」的原則，而一般大眾也應好好細讀作奎兄的新書，共同為維護農地農用而努力，不要使作奎兄成為捍衛農地的「獨行俠」。

茲此作奎兄關於農地的大作出版之際，一方面祝賀他新書問世，一方面對他長期以來捍衛農地的奮鬥，表達敬意；同時，更要向社會大眾鄭重推薦他的這一本新書，讓我們大家一起來為保護台灣的農地、台灣的農業而努力。

推薦序

彭作奎辭官記

黃榮村
考試院院長、前中國醫藥大學校長

彭作奎的辭官，是最近幾十年很明確因為理念與上面不合，主動走人的經典案例，在台灣政務首長任免歷史上，絕對是一個罕見的特例。事情主因來自老農派立委，在立法院強制啟動農業發展條例的修訂，行政高層未能挺住，甚至在最後曲意配合，這是台灣過去數十年所經常發生「社會不免民粹，公權不應媚俗」的反例。就彭作奎的專業認知，這個條例一旦依此過關，很明顯的將無法防杜新購農地可興建農舍、工廠、民宿、與其他炒作，甚至成為台灣農業潰敗的開端，他在一九九九年十一月底因為不願為這種選舉政策背書，提辭農委會主委職。我那時是台大教授，覺得他在這種總統大選關頭，壓力特大的時候，居然可以為了國家農業的未來，就其專業良知為其主張辯護，並不惜辭職以明志，也守住政務官知所進退的分寸，我深受感動，便在報紙寫了一篇文章表達支持敬佩之意，當然，我只是當時學界與環保生態界眾多支持者中的一人而已。

也許當時沒有人會白目到主張不應該保持農地，但認為農發條例的修訂只會照顧農民，在良好配套措施下堅守農地農用，應該不會造成農地流失或者損害農業。但是現在看來，這些講法其實是言偽而辯，就是妄言，因為事實的真正發展是，生產農地面積逐年減少，農地利用亂象逐年增多。這樣看起來彭是有遠見的政務官，只不過先是發生個人求仁得仁的悲劇，之後通過了不理想的農發條例，最後更可惜的，也無法避免農業悲劇的發生。但是，時至今日雖然情況如此不理想，仍然沒有人會認為應該放棄農業，且為了國家安全應該維持糧食生產的自給率，這是台灣雖然有時令人搖頭但又一直維持住希望的特色所在，大家還是在困境中有樂觀的期待，希望事情總有改進的一天。

隔年十月，我正擔任行政院九二一重建會執行長，他不改劍及履及作風，為了中興大學圖書館嚴重受損，到中興新村與我們研究如何匡列拆除及重建經費，絲毫看不出來他有任何懷憂喪志模樣，也不多談過去的事。

作奎兄上了年紀後，終於願意將這些內幕祕辛與背後堅持的理念寫出來，而且提出對農地亂象的關注和心得，深入體會人性的缺失，寫出如何防止另一次的農地浩劫，怎麼做才會有台灣農業的未來。將這些有系統又具有批判性與理想性的文章結集出版，真是一件做功德的事。

美律公司的廖祿立董事長在九二一之後，在台中接下很多有心人的未竟志業，設立台灣閱讀文化基金會，作奎兄及我都加入當董事，與在地熱心公益的企業主，一起推動在各偏遠地區設立愛的書庫。在偶然的一個聚會餐敘中，聽他說起要寫回憶錄，我建議他先寫有關所參與關鍵事件的始末，揭豶農業良心的主題，比較契合時代與社會當前需要，至於回憶錄慢慢寫就可以了，不急。基金會朋友都支持他寫下去，他甚以為然，就改變了書寫的方向，而且加緊寫出來，這真是今日台灣眾聲紛擾中一音拔尖的良心志業，不合理的事大家要一起來矯正，這是命定的歷史責任。我看過這本書的大綱，深有所感，聊作序言，並願大家就像以前一樣，支持作奎兄的毋忘初衷，持續為台灣的進步做出奉獻。

推薦序

為子孫共創糧食無虞的美麗家園

廖祿立
財團法人台灣閱讀文化基金會董事長、
美律實業股份有限公司董事長

從學術界到政界，從教育界到公益界，在我們眼中，不論在哪一個領域，彭作奎教授始終是一位非常專業、認真，又熱情投入的學者。

民國一〇五年，為了提升偏鄉學童的閱讀學習，我擔任發起人，成立「財團法人台灣閱讀文化基金會」，前進全台各鄉鎮設置「愛的書庫」，當時邀請彭校長擔任基金會董事，他慷慨應允。迄今基金會在全台已設立三三八座「愛的書庫」、二十六座「數位愛的書庫」，彭教授更曾多次代表基金會到偏鄉主持「愛的書庫」揭牌典禮。

彭教授不但熱心投入基金會的活動，多年來，我們更看到他誠懇認真的行事風格，每次書庫揭牌典禮之後，他總會安排到附近的農場和農業機構參訪，並分享他的專業與心得，他對台灣農業的執著與關懷，令人敬佩。

他離開公職雖已逾二十年，但不論在媒體或網路社群，仍常看到他對農業的熱情，不斷對農業界提出建言，只要能為台灣的農業奉獻任何一點力量，他都會全力投入。我也深刻體認到，台灣農業發展的政策與方向，始終是他心中念念不忘的事。

基金會的董事們親眼見證彭教授的這股熱情，大家都鼓勵他把自身的專業和經驗記錄下來，並寫下一般人看不到的農業問題，以及可以共同改善的重點，出版成書，以喚起大眾對農業的關注，並願意共襄盛舉一起改革。

在基金會董事們的鼓勵與期許下，這本書終於出版，大家非常興奮，希望書中闡述的農業發展與農地政策課題，能引起社會與政府的關注，使台灣的農業能永續發展，農地能永續利用。

農業的發展與糧食的供應息息相關，尤其台灣是個島國，萬一發生天災人禍，或國外進口斷鏈，或發生戰亂，屆時缺糧危機將是嚴峻的考驗。但因多年來台灣未發生嚴重災難，常年的豐衣足食導致整個社會缺乏糧食供應可能不足的危機意識。

事實上，隨著時間的流逝，從大數據資料與彭教授書中分析的現實問題來看，近年台灣農地大量流失，被工廠、豪宅、太陽能板占據，這都與政府的農地政策與綠能政策有著密切關係，特別是農地開放自由買賣以來，很多優良農田快速消失，已成為台灣不能再漠視的重大議題，彭教授在書中列舉出台灣諸多潛藏的危機，提出諍言，值得社會一起深思。

我曾去過以色列，導遊特別介紹當地的農業發展，讓我印象深刻。因為以色列舉國皆沙漠，以國政府為了從根本解決缺水問題，運用科技，發展「滴灌供水系統」，可節省九〇%的用水量，以國的農業也在此基礎上逐步成長茁壯，甚至能出口農產品，其思維與作法，值得台灣參考。

彭教授出身自教育界，曾任公私立大學校長，了解產學合作可共創雙贏，他在書中提及的農業與科技結合，從產品開發、生產、管理到行銷，都將因科技與資訊的高度發展而有結構性變革，非常值得企業界參考，可創造產業更高的利潤與附加價值。

彭教授的著作，是他一生的心血結晶，全書為台灣帶來正能量，我深切期盼，產、官、學、研各界都能在細讀之後用心思考，一起投入改善的行列，一同為我們的子孫共創不虞糧食匱乏的美麗家園。這也是我為此書作序的初心，願與讀者共勉之。

推薦序

確保「農為國本」的歷史教訓

陳保基
國立台灣大學名譽教授、
前行政院農業委員會主任委員

老長官出書要我寫序，至為惶恐！回想一九九七年三月發生豬口蹄疫，是農業界的大災難，當時中興大學農學院彭作奎院長，臨危受命當救火隊，邀我擔任畜牧處長，當時我國加入GATT，以開放豬腹脇肉、肉雞和雜碎結束談判，對畜牧界而言是內憂（口蹄疫區），完全停止口蹄疫前每年有四百億元的豬肉外銷日本，外患（開放畜產品進口），如何處理善後，規劃產業調適成為很重要的工作。在和彭主委共事的兩年七個月的時間，推動離牧措施，動用「農產品受進口損害救助基金」新台幣一百億元，減少三分之一養豬戶、四分之一肉雞場，順利調整養豬和肉雞的生產規模，提升產業競爭力；完成「畜牧法」立法，讓調整之後的畜牧產業，有法律規範據以執行；依法成立「財團法人中央畜產會」，落實產業自主管理；落實畜禽屠宰場所管理和屠宰衛生檢查，提升食肉安全。另外值得一提的是完成「動物保護法」立法，並據以推動伴侶動物、經濟動物的動物權保護，雖然過程受到挑戰，終能與國際同步；工作的推動獲彭主委的大力支持，充分授權，始能順利達成。三年的農政經歷，給了我在二〇一二年擔任農委會主任委員很大的幫助，我要感謝彭作奎前主委的訓練和指導。

作者以一生罣礙的農業良心來述說他對農業政策的愛恨情仇，其中最為人稱道的是他為了農地開放自由買賣，憤而辭官，展現了政務官的風骨，和知識分子良知的堅持，足為後輩表率。農地開放自由買賣，農地農用，這中間的連結實在很鬆散，尤其在地方政府人力預算不足情況下，維護農地農用形同口號，農地上違法豪華農舍，工廠林立，嚴重破壞農業經營環境；現在政府推動農業種電，更是帶頭破壞農地的行為；使得農業發展受到嚴重傷害，讓人對當時彭作奎教授的堅持更為敬佩。

農業生產需要農地，要有人力從農，要確定產業發展方向，三者必須同步調整，同時考處連動性，農業政策據以推動，才能成功調整。只針對一項因素處理難竟其功。農委會二〇一二至一六年推動的農業調整措施，就是有系統地調整三項農業生產要素。首先的休耕地活化，將一年將近二十萬公頃休耕，一百億元補貼休耕，調整為鼓勵復耕，逐年減少休耕補貼，每年降為十萬公頃休耕，鼓勵種植進口替代作物和地方特產，讓農地恢復農業生產；青農擴大經營規模時有土地可以承租，省下休耕補助經費，支持青農自動化、朝三級產業發展，近幾年看到農業人力的年輕化和農產業的成長。

何以農地濫用如此嚴重？從國土計畫開始，對於農地的需求歷年來變化甚少，其實我們使用在糧食生產的農地，過去幾年都在五十萬公頃以下，可是國土計畫農地面積匡列了七十八萬公頃，也就是說農業用地有二十八萬公頃是沒有利用為糧食生產，而地方政府對於農業用地的劃分更是粗造，所以造成農地的亂象，無奇不有；如何徹底導正，農政單位必須拋開七十八萬公頃的包袱，務實的思考如何合理的使用農地，農業使用不再以耕作為限，如何發展農業成為可獲利的事業，讓從農者能有一定的收入，才能確保農地的合理使用。

「農為國本，本固則邦寧」，要秉持農業良心去推動農政，才不會動搖國本，彭前主委在本書中的許多故事，能給後來者多少啟示，記取教訓，關係農業是否為國本的關鍵，希望主事者要念茲在茲，引以為鑑。

推薦序

一位成功人生的堅持

許舒博
中華民國全國商業總會理事長、前立法委員

真正成功人生不在於成就大小，而是在於你是否堅持內心的自我，努力地實現自我追求，不變原則，不畏強權，不慮利益，而是為內心真正聲音存在。

我從政二十年，歷經多任農業主政者，但彭作奎為了堅持自己理念，不願為政治現實改變，掛冠而去。至今，在學界繼續傳播他的堅持，而現在，他願意用此書記錄台灣農地政策的演變與亂象，撥亂反正，更顯難能可貴！

「農為國本，本固邦興」，在這趨短利的時代確實難見如此風骨的政務官，祈望讀者更能深思。

推薦序

一位公平正義農地政策的捍衛者

黃明耀
前農委會水土保持局局長

彭主委來電邀我為他的新書寫序，頓時感到驚訝，又覺得很榮幸。當年彭主委在任時，我是農地利用科科長，是農地政策與農發條例修正案的幕僚單位，經常陪同主委參加各種重要會議，並負責與民意代表及農民團體溝通業務。後來擔任水土保持局長，是執行農地使用與保育、鄉村發展等的實務單位，我完全體會當年修法過程中，農委會所受的壓力與煎熬，以及地方執行農舍興建的內幕。新書內容是以有關農地政策為主題，提及「農舍」問題，內心即湧起了一股難以形容的感慨！

事實上，「放寬農地農有、落實農地農用」自民國七十年代末就有許多的討論，主要著眼於農業逐漸多元發展，傳統自耕農身分認定愈趨困難，農業升級需要引入企業，發展資本與技術密集產業，卻無法承受耕地，農民組織辦理農業金融業務處分，農地抵押資產受到限制。

在民國八十年曾有制定農地利用法草案構想，先以農民組織與農企業法人為放寬對象。即便如此，反對聲量仍很大，認為政府放棄了「耕者有其田」政策，致農地利用法胎死腹中。行政院在八十三年函示農委會：放寬購買農地之身分與資格，是時勢所趨，主張在修正農業發展條例中增列放寬農地移轉條文，確定放寬農地農有政策。

彭主委上任後，於八十七年八月召開第四次全國農業會議，針對行政院「放寬農地農有、落實農地農用」政策之推動，在維護基本糧食安全、自然生態、國土保安、農地管理等議題廣邀學者專家深入討論，獲致了新購農地不得興建農宅等多項共識，並據以研擬農業發展條例修正條文。

民國八十八年立法院審議本條例時，部分立法委員與農民團體針對農地提出「自由買賣、自由分割、自由興建農舍」三大訴求。彭主委當時即明確回應，維護農地資源是農業機關職責，農委會不可能接受新購農地者得自由興建農舍，我們要對歷史負責，同時提出生活圈與生產圈分離的措施，以保有大面積完整農地的政策。

當時受大選將屆影響，農地三大自由訴求聲勢高漲，彭主委為堅持新購農地不得興建農宅，維護農地農用的理念，親自或指派同仁分赴各地說明。但少數立委卻以選票凌駕國家利益，向政府施壓。為捍衛公平正義的農地的政策，彭主委於八十八年十一月底凜然辭職，展現政務官對政策理念負責的風範。

農發條例修正案於八十九年一月完成立法程序，但其影響台灣農業發展至鉅！時至今日，個別農舍如雨後春筍般冒出，如蘭陽平原等優良美麗的農地，已被雜亂無章的農舍破壞殆盡，完全應驗了當年彭主委的憂慮，對他當年的遠見與堅持，由衷敬佩。

台灣若繼續放任在農地種農舍、種工廠、種光電板，支離破碎的農地，何來乾淨衛生與安全農業生產環境？農地無止境炒作，如何引進青年農民？農地由農民作農業生產，有相關稅賦優惠，但名為農地，實為建地，卻仍予優惠，是否符合社會公平正義值得深思。呼籲政府與民眾，細讀彭主委精闢詳實的分析與建言，齊心善待農地，否則勢將影響台灣農業生產環境與生態。乃為此書出版寫序的初心。

自序

一生寄語的農業良心

本書的出版自己都感到有點不可思議。離開農委會已經二十幾年，自學校也退休三年多了，實在不宜再管江湖事。在去年三月間，與台灣閱讀文化基金會董事們的一場餐敘上，聊起了有關農地議題，談起了民國八十九年農發條例修正案通過後，台灣開放農地自由買賣，允許農地農宅興建，有如打開潘朵拉的盒子，台灣的農村和田間，到處看見房舍與農作爭地，違規農地工廠林立在特定農業區，光電板更散布在田間、山坡地和漁塭，造成台灣的每一塊農地都成為游資炒作的商品，使得台灣的農地價格成為全世界最高的國家，受到國際關注。董事們都非常詫異，希望能把這項農地政策形成的祕辛公諸於世，讓社會大眾及年輕一代了解開放農地自由買賣決策的始末，記取歷史的教訓，共謀改善之道。

的確，當前社會所關注的公共議題中，農地亂象早已淪落到最冷門的角落，媒體對農地的討論有限，多數民眾也感受不到與自身有關。過去幾年，我在中興大學應經系教授農業政策課程，或應邀到社團演講有關農地政策時，常會問大學生或社會菁英：「當你看到許多農田中央蓋了農舍或工廠，有什麼感覺？」大多數的學生或朋友都會回答：「沒有什麼特別的感覺，不是本來就這樣嗎？」

這樣的反應總讓我憂心，當不合理的事情在多數人眼中成為「習以為常」時，台灣的農地和農業還來得及搶救嗎？更可悲的是，執政者漠視社會大眾只為眼前個人利益的價值觀，忽略農地流失可能引發的糧食供應危機與生態浩劫。

雖然民國一〇七年通過了《國土計畫法》，對國土的管理機制與法規堪稱完備，但今日台灣在趨短利的時代中，從地方政府至中央政府，都對農地虎視眈眈；中央利用修法，地方政府以「狸貓換太子」的手法，暗渡陳倉，正在使國家的農業發展區的農地加速惡化，恐引發另一次農地浩劫。

在善知識的鼓勵下，做為一位知識分子，的確有責任把當年開放農地自由買賣，允許新購農地可興建農宅政策的形成，政治駕凌專業的經過與關鍵密碼，以及這幾年來持續正在發生的農地亂象，公諸於世，記取教訓，才能避免重蹈覆轍，開創璀燦的明天。

本書共分六大部分。第一篇「誰打開了潘朵拉的盒子」，解開當年有關農發條例修法過程中的爭議，從農委會到總統府，從行政院到立法院，社會大眾不知道的故事與密碼，以及修法後的影響與大選後的亂象。第二篇「政府掠奪農地的真相」，陳述政府以架空區域計畫法、利用區段徵收釋出農地，便宜行事修法，讓違規工廠就地合法，以砍樹種電，發展地面型綠電，太陽能板鯨吞農地的真相。

第三篇「防止另類農地大浩劫的配套」陳述執政黨以國會多數修法不作為，地方政府利用國土計畫，農地總量以邊際農地「湊數」，使農地品質下降的真相；如何去除農地非農業使用需求，以綠色直接給付結合各項補貼，維護農業發展區的劃定，讓農業生產區和生活區分開等議題。第四篇「突破小農發展限制的策略」陳述農民組織的貢獻與被破壞的歷程，及台灣農業科技發展的瓶頸與未來方向，並介紹以色列農業科技發展經驗，提供參考。

第五篇「臨危受命當救火員」，回顧民國八十六年口蹄疫防疫措施與防疫機制建立的過程，及當時養豬產業發展策略與目標。至台灣成為非疫區後，養豬結構如何的調整，利用優質台灣豬肉的特性，建立品牌豬肉產業鏈分工，以自給自足為目標的商業模式。第六篇「人生經營的因緣」是回顧自己在學者從政生涯中的因緣與所遇見的貴人，體會緣起性空，掌握當下的尊嚴與放下哲理，並期許學者從政的風骨與歷史責任的擔當。

期本書所提供農地政策及相關措施的歷史背景與決策軌跡，能讓當前決策者及社會大眾了解農業與農地保護的重要性，共同攜手把一片片完整農地、健康的農業與祥和的鄉村，重新還給台灣，造福後世子孫！

第一篇

誰打開了潘朵拉的盒子

關鍵的那一夜

民國八十八年十一月二十九日，晚上十點。

在國民黨中央黨部大樓會議室，有一場臨時召開的農業發展條例修正的協調會議。會議由黨祕書長、立法院長共同主持，出席的人員有行政院祕書長、國民黨中央政策會執行長、立院工作會主任和我。

那是我擔任農委會主委兩年六個月又十四天的一個深夜，距離總統大選只剩三個多月。這場會議之後，政務官為政策負責而下台的心念更加篤定。

會議一開場，黨祕書長說：「最近南下高屏嘉南地區，我們的選情不樂觀，許多基層民眾對農地不能興建農舍的反應很強烈，李主席指示黨政相關單位協調，因此我們今晚請立法和行政部門協調，兼顧農業縣民眾的需求與政策理念，請農委會刪除新購農地不得興建農舍的規定。」

接著他要我先表示意見，我馬上回應，此法案已經行政院院會通過，送立法院審議，是否請行政院祕書長表示行政院立場。但行政院秘書長搖搖手：「尊重主管機關意見。」

開口之前，我看看窗外，夜幕深沉，再環顧這一屋子的黨政高層，心知他們只有一個共同的目的——「開放新購農地建農舍」，我心裡的壓力比夜色更深，比千斤重擔更沉重……。

然而，壓力再大，高層再高，我心中的那把尺仍在，農委會不能退讓。

我深吸一口氣，不疾不徐的開始說明，行政院版的農發條例修正案，已開放農地自由買賣，讓有務農意願者投入，但「新購農地不得興建農舍」的規定，是為了保護農地農用的尚方寶劍，遏阻許多有心人士買農地建別墅的投機需求。

我又說，此案應該不是連蕭民調低的原因，農委會的立場不會改變，如果允許新購農地可興建農宅，國民黨失去的票可能比得到的票多，更會以失去農地為代價，「我堅決不贊成改變」。

相較於現場每一位在政壇呼風喚雨多年的高層，我知道自己只是一個從政兩年的讀書人，但還是語重心長的說：「再好的農業管理政策，都防止不了人心的貪婪，為了農地農用，我會堅持新購農地不能興建農舍，確保農地不是用來蓋房子，是要供給真正務農的人。」

但很遺憾這些說法和堅持，都打動不了在場的高層們。

幾位高層接連說，國民黨要爭取農民與農會的支持，否則無法輔選，而且另兩組總統候選人（宋楚瑜、陳水扁）都支持開放農地買賣後可興建農宅，如果國民黨不放寬農舍興建條件，連蕭在中南部拿不到票，農會和農民要直接向李總統施壓。

緊接著，政策會執行長突然說，已準備提出國民黨版的農發條例修正草案，由立院工作會主任、立院黨團書記長等四十一位立委連署，黨團提出後會盡快付委與行政院版併案審查。

黨版條文同意新購農地以集村興建農宅，並允許可以其他方式辦理興建。至於其他方式由主管機關另訂辦法規範。

執行長又補充說：「立法院審查時，希望農委會不要提出有關農地新建農舍的反對意見，黨版通過後，行政院不要提出覆議，以免引起輿論的討論，影響選情。」

這段話，是在要脅一個政務官……我不禁怒火中燒，也深刻明白立法院黨團是準備要強行闖關了。

我未再多發一語，會場的氣氛十分凝重，行政和立法部門沒有達成共識，主席宣布散會。

走出中央黨部大樓，已是半夜，我心中無限感慨，原來李總統已被所謂的「老農派」立委說服，態度改變了……。

進入農委會兩年多，我已深知，開放農地自由買賣的企圖心，來自各地農會因農地貸押的問題日趨嚴重，信用部逾放比率超過二十％的農會比比皆是，但惡化的始作俑者是地方派系長期以農會為金脈，把農會當成禁臠，身為農政機關主管，豈能坐視黑金與地方派系想用賣農地、建農宅來解套？這只會一步步吞食農業的命脈——農地……

走念之此，月明星稀，心中愈來愈篤定。

身為一個學者，即使從政，在混亂政局中制訂政策方向時，學術理論和國際經驗是我的指南針，無論壓力有多大，都不能違背自己的信念。

回到農委會辦公室，我立即交代幕僚，撰寫辭職書向蕭院長提出書面辭呈。

沒隔幾天後，我離開農委會主委一職，揮別九百三十九天的政務官生涯。

一個多月後，國民黨版農發條例修正案通過，農地開放自由買賣，同時開放農舍自由興建。

潘朵拉的盒子打開了，台灣農地萬劫不復的一頁，從此掀開……

台灣農業再次奇蹟

台灣經濟屬人多地少而資源不豐富的海島型體系，台灣的經濟發展是將各項動力採取循序而整合的步驟，助長經濟的快速成長。在策略上是「以農業培養工業，以工業發展農業」為依歸。

台灣農業在第二次世界大戰期間遭受破壞，生產力低落，光復後政府致力農業重建工作，加強水利設施之維修與擴充，推動土地改革，以及農會與水利會等農民組織的制度性改革，提高農民生產意願，並配合生物性及化學性技術的改進。

民國四十一年，台灣農業即由戰爭的破壞恢復到戰前的最高水準，使糧食供應無缺，穩定戰後台灣經濟的動盪局面，農業帶來經濟發展所需的資金、技術、人才與市場，更賺取外匯，奠定台灣經濟成長與社會公平並重的發展模式，成為開發中國家經濟發展的楷模，被世界譽為「經濟奇蹟」。

但五十年後，台灣農業出現另一種新奇蹟，演變成讓人憂心的「以工業摧殘農業」情勢。

民國八十九年，農發條例修正案過關，台灣開放農地自由買賣和興建蓋農舍，農地分割限制與農宅興建資格放寬，成為農地可以非農用的最大亂源，非農民自由買賣農地，優良農田大量流失，有如打開潘朵拉的盒子，從此放出所有的禍患，貪婪、掠奪、殘害……讓台灣農地萬劫不復。

如今放眼台灣田間，常見違規工廠林立在農業區，光電板流竄山坡地、漁塭與農田中，彷彿是台灣農業的新奇蹟，衍生各種不可思議的亂象。

亂象一：全世界最貴的農地，彰化田尾每公頃一・四億元

根據「蘋果新聞網」攜手「用數據看台灣」團隊於二〇一九年分析全國十二・三萬筆實價登錄交易資訊，發現台灣農地因為投機掠奪，每公頃平均價格從二〇一〇年的一千五百

萬元，到二〇一八年已經達四八八二・六萬元，八年漲了三倍。1

和世界各國二〇一六年每公頃農地平均價格相較，澳洲一公頃六・五萬元、美國三十一・一萬元、日本三五一・一萬元，台灣是日本的十四倍、澳洲的七五〇倍。

猶記兩三年前，我到台中新社探望老朋友，他多年前在新社買了兩三分農地（約〇・二至〇・三公頃）經營農場，當時不過花了數百萬元，但到了二〇一八年，他的農場周邊農地已漲到每公頃一億兩千萬元。

一億兩千萬元！等於一坪要三・六萬元。

我很驚訝二十年前一坪不過數千元的農地竟會飆漲至此。朋友解釋說，主要因為台中市原本靠近高速公路一帶的農地幾年前變更為工商用地，當地農民便高價售出原有的農地，改往山區移動，再加上新社地區近年花海與花博很成功，愈來愈多人往山區買地建農場、蓋農舍、經營民宿，「農舍愈蓋愈豪華，農地愈炒愈貴，現在都成天價了！」

但這還不是最貴的，二〇一九年我到彰化縣田尾鄉參訪，那裡也是台灣花卉生產的重鎮，田尾花卉協會理事長告訴我，田尾農地「每公頃沒有一億四千萬買不到！」

這種地價相當於一坪要四・二萬元，我算了算，一億四千萬更等於年薪二百萬元的工作二十四年的收益。

如果有這個錢，根本不必也不會來務農，天價鑽石農地代表的是：台灣農地已不再是農業生產的生產要素，而是獲取暴利、各方炒作的標的，蓋豪宅、工廠，以及種電到處可見。而真正有心務農的人，既買不起也租不到，農業發展成空談，鼓勵年輕人務農更只是荒誕。

亂象二：開賓士車領老農津貼

台灣開放農地自由買賣和興建農舍之後，也凸顯出農保機制漏洞百出。

在民國一〇三年農保條例修法前，法令對老農的認定條件很寬鬆，農會會員只要持有〇．一公頃農地，就可成為會員；非農會會員，只須切結每年農業收入超過一萬零二百元，即可參加農保，六十五歲以上每月最高可領取七千元的老農津貼，以致出現很多非會員的「假老農」，他們身家豐厚，根本從未耕過地，遇到農會人員調查，就靠花錢請人耕地。

當時從農會到政府部門，都深知很多領取老農津貼的非會員中不乏企業主或老闆娘，但也只能眼睜睜看著他們開著賓士或一身穿金戴銀，合法領取老農津貼。

根據農委會統計，該會年度公務預算中，約六十三％做為法定福利與補貼支出，儼然農業已成為消費性產業。尤其老農津貼多年來成為政治喊價籌碼，老農津貼不斷加碼，已成了國家財政黑洞，嚴重侵蝕農業預算，阻礙農業升級的步伐。

如不限制老農津貼資格，在農地開放自由買賣後，台灣農業會出現更多的「假老農」購農地、蓋豪宅，進而再請領老農津貼、休耕補助與農保給付。

亂象三：假農民、真地主，年領休耕補助二六一萬元

由於台灣擁有農地的持有成本幾乎是零，免田賦，又可領津貼。以休耕補助來說，農委會每年編列上百億元的休耕補助，農委會前主委陳保基在二〇一二年接受「上下游新聞」訪問時曾指出，全台十六萬名休耕農地主當中，五十八％不具備農保資格，也就是並非以務農為主業。

而且當時領取休耕補貼最多的第一名大戶，持有的農地面積高達二十九公頃，若以休耕

補貼每年每公頃兩期合計九萬元來算，這名全台最大的休耕農地地主，一年可坐領二六一萬元，連續五年累計已領取超過一千三百萬元的休耕補貼。[2]

從老農津貼到休耕給付，充斥著搭便車的假農民，嚴重影響農業資源品質與施政經費有效運用，上演台灣版「資源懸崖」的農業危機。

亂象四：買〇．一公頃「農保地」，享潛在利益二百萬元

農保亂象也引發監察院重視。在二〇一三年監察院監委沈美真、楊美鈴的調查報告指出，台灣農業就業人口五十餘萬，農保投保數卻多達一百四十萬人，其中更有九十歲以上才開始當農民的不合理現象。內政部、農委會及勞保局清查更發現，竟有四千多名具農保資格的「農民」長期旅居國外。[3]

農委會更頻頻接獲地方農會抱怨，在農地開放自由買賣和農舍自由興建後，愈來愈多「其他行業的人」，退休後買塊地、種種菜，農會勘察後再荒廢，為的就是可以享有農民身分，以便領取各種津貼和福利。

更有土地仲介明目張膽公開宣傳「農保地」，號稱只要買地〇．一公頃，就能以農民名義加入農保，還詳列各種誘人福利。

監察院的調查報告還指出，「網路透過關鍵字『農保地』即可搜尋代售農保地之廣告，其內容強調參加農保之好處，甚至明載潛在利益二百萬元以上之誘因，導致『假農民』充斥，其享有低額之健保保費，除有失公平正義，更造成政府沉重之財政負擔……」

二〇一三年媒體的調查報導也發現，新北市曾有地產仲介建議退休族買「農保地」，不但很便宜，重點是「沒辦法耕種沒關係，買下來放著，拿權狀去保農保，將來月領七千元老農津貼，四年就回本，活越久領越多，是退休後的好投資。」[4]

亂象五：農地總量大量流失十六萬公頃

根據農委會一〇六年完成公布的農地資源盤查，全台可供糧食生產的農地為六十八萬公頃，然而「實際生產中」的農地僅有五十七萬公頃。

這些包括農糧作物用地五十二萬二〇一一公頃、養殖魚塭四萬三五二四公頃、畜牧使用一萬一三七八公頃，原不屬於農業使用的山坡地部分範圍，有五萬一六三七公頃遭農業「超限利用」。另外，平地及山坡地上有將近十萬公頃的面積為「農地非農用」，總計六十八萬二七七四公頃。

扣掉廢耕的十萬公頃後，實際生產的農地面積（農漁牧）僅有五十七萬六九一三公頃。這與內政部設定的「七十四萬至八十一萬公頃」農地總量底線相去甚遠，有十六萬公頃的差距。

亂象六：農業零成長或負成長，農業人口卻增加

大家都說當農民很辛苦，農業收入微薄不穩定，但諷刺的是民國八十九年以後，農民人口數不減反增，違反經濟發展原則。

近年台灣農業產值呈現負成長或零成長，農業產值占國民生產總值（GDP）的比率持續下降，例如一〇八年農業生產指數初估一〇三．四（以一〇五年為一〇〇），較一〇七年減少五．三％，一〇七年農業產值占GDP比率下降到的一．七％，而一〇七年農業就業

人口為五十六・一萬人，占總就業人口之比率為四・九％。換言之，接近就業人口總數五％的農業經營者，GDP占比不到二％，農民平均收入偏低理所當然。

我們捫心自問，農發條例修正案後允許新購農地得興建農宅，農地名為農地，實為建地，卻仍予優惠與補助津貼，造成假農民增加，符合社會公平正義嗎？

台灣新奇蹟——農地上的癌細胞，國際震驚

台灣優良農地上不但出現的新建物，被國外專家視為正在蔓延的「癌細胞」（Land Cancer），遠眺宜蘭龜山島，因為蘭陽平原的農地上盡是豪華農舍，更有如看到烏龜在豪宅屋頂上爬行。

英國建築師公會（簡稱AAA）每五年都會進行以衛星圖片比對地球表面的建築動態，以了解各國空間與都市面積的變化。二〇一六年的調查負責人發現，中國大陸的大都會面積是以城市為核心，以環狀的方式向外部擴大，例如北京、廣州等，至於桂林、蘇州等二

線城市，也是以類似模式蓬勃發展。

但相較之下，在台灣的衛星圖變化上，卻未見大都會地區的環狀式擴張，反而是新增一點一點的螢光小點蔓延於田野間。

為了解這些小螢光點，AAA於二〇一六年與成功大學建築系合作，來台探討與田間勘查，結果發現這些都是蓋在田中央的建築物，他們大為驚訝，進而邀請我去專題報告有關允許農業發展用地蓋農舍的原委。

德國慕尼黑工業大學馬格爾教授二〇一〇年、二〇一四年兩度來台，曾在宜蘭看到四處林立的農舍，農村地景破碎無比，他感嘆：「這讓我覺得非常失落、哀傷。」他認為鄉村空間如此重要，怎能讓鄉村的發展「順其自然」呢？

馬格爾認為，如果對於這種無秩序的發展毫無意識，那其實什麼都不用談了，「非法農舍在德國是很大的問題，近乎醜聞，是可以把政治人物拉下台的。」

「我們都有仔細規劃，只是在執行上稍有欠缺。」宜蘭的官員與馬格爾互動時，如此回覆農舍問題。但馬格爾說：「這種答覆像是發展中國家會說的話，難道台灣人是生活在『香蕉共和國』嗎？」[5]

監察院在一〇八年「宜蘭農舍案調查報告」中指出一〇六年宜蘭縣農牧戶口數僅有二萬八一二三戶，八十九至一〇七年間卻核發高達六一三八件農舍使用執照，相較於彰化、雲林等農業大縣，農牧戶口數雖超過七萬人，農舍使用執照數卻只在三千件以下。6

種種數據顯示宜蘭地區農舍氾濫，已是不爭的事實。農舍不僅使原本廣闊的農地景觀變得支離破碎，更影響當地農民的生活，並汙染生態環境。開放農地種房子，不只好水和良田被污染，更使農地破碎化，阻礙農業大面積生產、推動機械化降低生產成本的可行性，農民空中噴藥還被豪宅住戶控告空氣汙染。

農地工廠問題也無法解決，向民間團體做出讓步，讓群聚的農地工廠可以就地規劃為產業區，而在農產業群聚的核心區域，則希望工廠退出。

《工廠管理輔導法》於一〇九年三月上路，同時畫定二十三．四萬公頃的「農產業群聚地區」。「農產業群聚地區」上的農地工廠都必須逐步遷離，以留下乾淨完整的農地專區，不過，在工廠業主抗議認為無處可去，立委又出面協調爭取讓工廠繼續存在。

種種現象說明民進黨執政期間，以國會多數黨的暴力，以修法便宜行事，延宕國土計畫法的實施日期，讓地方政府破壞國土分區，優良農地被偷天換日繼續流失，讓新的違規工廠繼續崛起，危害國土與農業生產環境。

台灣農地千瘡百孔的問題已如一本爛帳，而問題的源頭，要從農發條例正案說起。

新購農地農舍興建案的拉鋸戰

農地可自由買賣，但應堅持農用

過去我們的農地政策是採用「管地又管人」的耕者有其田制度，政府規定一定要自耕農才能購買農地，以維持農地農用，確保糧食軍需的自給自足。這樣的制度卻讓非農民身分者不能買農地務農，甚至農業科系畢業的專業青年也無法買地務農，造成農村勞動老化，農地廢耕，或粗放經營。

另外，法令限制農地不得分割規定，造成兄弟鬩牆，更產生了許多假農民，農地違規使用，破壞生產環境。

事實上，世界先進國家鮮有「管人又管地」的農地管理政策。在國際化、自由化的趨勢下，有必要對整體農地問題展開制度性的變革，也就是開放農地農有的限制，藉由農地開放自由買賣的政策，以引進人才、資金、技術，擴大經營規模，提昇農業經營效能，提高農業的競爭力。

八十六年五月我被徵詢擔任農委會主任委員時，府院高層就告訴我，政府有朝開放農地自由買賣的政策。基本上，對開放農地自由買賣，我當教授時就持贊成的態度，但是開放自由買賣有一個很重要的條件，就是農地一定要農用。

要確保農地農用，一定要給農發條例一柄尚方寶劍，就是未來非農民新購買的農地上，不得興建農宅，否則只會讓農地變成了一塊塊低建蔽率、不需要繳稅的豪華別墅建地。

台灣國土與農地問題，不僅是農舍興建，關鍵更在於沒有完整的國土規劃。台灣雖有區域計畫法，但區域計畫法被架空，使農村沒有長遠的發展願景。台灣的優良農田被細分化、興建農宅、違規工廠、農地種電，農地總量減少，以及農地超限利用，都是農地管理出現了問題。

農發條例修正案，爭議多年

回顧一下歷史，先來了解有關農發條例的修正案過程及爭議。

農業發展條例在八十五年八月、八十七年二月與八十七年四月三次送立法院審查，但因涉及農地開放自由買賣的重大利益，在各方爭議下無法通過審查程序，八十八年十一月十一日第四度送立法院審查，其中最關鍵的「新購農地禁建農舍」條款，引發基層農業界與部分立委不同意見與強烈反彈。

我接任農委會主委時，行政院已決定修正農業發展條例，達成「放寬農地農有，落實農地農用」的政策目標。

但早在八十三年五月農委會曾行文行政院明確表示：「農業發展條例制定之宗旨，在於『加速農業發展，促進農業產銷，增加農民所得，提高農民生活水準』，而非規範與執行農地移轉之專法。

故放寬農地承受人身分與資格限制，宜從土地相關法令做整體性考量與檢討，不宜以修正農業發展條例達放寬購買農地之身分與資格之目的。」

換言之，農委會原本的態度是，開放農地自由買賣應從土地法通盤考量，而非修正農發條例。但在各方利益糾葛下，農發條例最後仍在八十九年元月修正通過，被當成解決所有農業金融與農地買賣相關問題的解套法案。期間的修法過程，更充滿著政治算計與利益的攻防。

綜觀農發條例修正過程，農政部門的著眼點是：「加速農業發展，促進農業產銷，增加農民所得，提高農民生活水準」。

立法部門及相關利益團體著眼點卻是：「讓農地得以自由買賣、寬鬆利用，為農會金融及相關農地管理鬆綁」，如同老農立委提出的農地三大自由，即買賣自由、分割自由及蓋房自由，二者差距之大，正是兩年半來難達共識的原因。

自擔任農委會主委開始，我便主張在「落實農地農用」前提下，「開放農地自由買賣」可以引進資金、技術、人才，促進農業現代化、科技化與企業化。

而且，農地的生態功能屬公共財，更具有不可移動且破壞後難以復原的特性，為維護農地，並考量國家長遠發展，在農地自由買賣及分割大幅放寬的情況下，我在任農委會任內提出「新購農地不得興建農舍」的修法主張，希望為子孫長長久久保留農地。

立院備詢初體驗，經濟委員會虎視眈眈

猶記當年，我一接掌農委會，便立刻感受到立法部門對開放農舍興建的虎視眈眈。

那是我上任後的第二週，五月二十一日（星期三）上午九點，立法院經濟委員會舉行委員會議，邀請新任主任委員就農發條例修正做專題報告。由輪值召集人許舒博委員主持，到場的立委把會議室擠得滿滿的。

專案報告完成後，登記發言第一位委員是邱垂貞、第二位是林國龍、第三位是林錫山。

林國龍委員質詢時，對新任主委諸多期許，也提出開放農地自由買賣的主張，認為「假如農地開放自由買賣不能蓋農舍，農地也賣不出去，會傷害農民」。

我很清楚的說明，沒有農地就沒有農業，沒有農業就沒有農民。農民的利益應著重在農地經營農業而得的利益，而非賣農地賺取的所得。因為，農地賣掉後，他就不再是農民了。

我說，我國農業耕種總面積正在縮小，須透過國土整體規劃，合理釋出農地，提供住宅及工商業發展用，而不是讓「全國的農地」變成「人人可買的建地」。行政院版農發條例修正案通過後，原有農地的農民或共有耕地可分割為單獨所有，而無自用農舍者仍可以興建

農舍，現有農民權益絲毫不受影響。

因此，所謂「農地不能蓋農舍，就賣不出去，會傷害農民」，這應該是指那些手上有農地，想賣農地賺高價的人，而非真正想務農的人。

至於立委關心因農地抵押造成的農會信用部呆帳，雖然可能引起金融風暴，但我一再重申，景氣是短暫的，土地是永恆的，不能用長期土地政策解決短期金融問題，這不符社會正義，更對不起子孫。

立委踩書叫罵，全為開放農地建農舍

接下來，林委員的質詢更是有備而來，質詢台前擺滿我當教授時有關農地的著作。林委員唸著：「『為有效吸引年輕人進入農業，耕者有其田制度應適度放寬，讓非自耕農得購買農地務農』，這是誰寫的？」我回應是我寫的。

「農地應適度放寬購買資格……」誰寫的？我寫的！

他連續唸著我當教授時的二十餘篇著作。

「請教彭主委，你對彭教授的看法有什麼樣的評論？」

我的回答很簡單，「經濟學的論點是在其他條件不變的假設下，求出福利最佳狀態與結論，假如其他條件改變，其結論就必須修正……」

「主委，請你回應是主張農地開放自由買賣，還是不能開放？」

「農地政策應該朝向讓新農民可以進入農業部門務農，否則農村勞動力老化，對新技術、新管理接受度不高，影響農業現代化。」

「你不必講太多啦！到底彭教授的主張，你贊不贊成？」

「我剛到任不到半個月，是否讓我回去跟同仁討論後再給委員回應。」

啪！林委員把我的一疊著作全部推下質詢台，散落一地，還用腳用力踩了幾下！

第一次接受質詢，就給我下馬威，但我很淡定地回答：「當一位政務官，在立法院的答詢時是向全國國民宣布政策，而不是在議事堂上決定政策，否則掛一漏萬，不是全民與國家之福，讓我回辦公室研究妥善後再向大院委員會宣布政策。還請委員見諒。」

接著，委員法定的質詢時間結束了，林委員非常生氣，但麥克風已被消音了。

下一個是召集人許舒博委員質詢，主席職務由另一位召集人民進黨的邱垂貞代理主持。

而許委員一上質詢台就約法三章，在他質詢時間內，農委會同仁不准傳遞紙條給主委，或請人代答。

我則回應說，「研究所博士班考試多採 open book 的方式，我可以翻同仁事先準備的資料吧！」

就這麼兵來將擋、水來土掩，順利經過第一次民意洗禮。此次會議並未進入審議，附帶要求下會期提出「放寬農地農有」之農業發展條例修正草案。但我心裡明白，往後的日子應該不好過，不過，既然進了廚房，就不要怕油煙！

此後幾次有關農發條例的質詢，立委常批評我個人「不是吃台灣米長大的」、「京城訂政策」，是「書呆子的理念」。

事實上，農發條例修正案制定過程中，農委會先後與學者、專家召開數十次會議，也多次和各縣市、鄉鎮與農民代表座談，並於全國農業會議邀各級農政機關、農民團體及產業團體等千餘人次研商，更分區邀請各縣市農會領導人座談，同時參酌民意代表意見，做為修法參考，絕非閉門造車。

例如屏東籍立委曾質詢說，「集村住宅區好像中國大陸的人民公社」，這就是很大的誤解。

我強調，「人民公社」是社會主義的制度，與集村或散村無關，集村住宅區絕對不是人民公社，因為所有先進國家為了保護農地，都把農宅集中在鄉村區內，農委會版農發條例若通過，新購農地不得興建農舍，而無自有農舍者，政府妥善規劃鄉村發展區，以兼顧農業經營效率及農民生活品質的提升。

最後，通過的版本仍保留著集村興建方式，並給予獎勵的條文。但事實上地方政府所允許的集村興建，多是蓋在特定農業區的集合式住宅，對農業經營的損害更大。於民國一〇〇年，被監察院糾正不符立法精神而未繼續補助。

新購農地禁建農舍，鴻門宴上被罵頑固

修法過程中，立委除了在立法院質詢時公開施壓，私底下給農委會的壓力更大，尤其是被媒體稱為「老農派」的多位南部縣市資深立委，一直強力要求農委會取消禁建農舍的規定。

尤其八十七年立法委員選戰期間，選情緊繃，在國民黨黨團及立委私下邀約下，我參加過好幾次的「鴻門宴」，都是在一些不對外開放的招待所裡，包括黨部的高層幹部和老農派立委，在席間幾度拉高聲調，更有立委對我拍桌。

一位南部立委曾經破口大罵我頑固：「你不放，我們審不下去！」

還有一位後來曾任縣市長的立委咄咄逼人地問我：「彭主委你到底要什麼？你這樣擋在前面，我們怎麼弄？」

但我心中很篤定，非常清楚地堅持，一定要讓農地開放自由買賣的負面衝擊降到最低，新購農地禁建農舍的底線必須守住，面對立委和黨團的壓力，我不曾讓步，每次鴻門宴最後也總是不歡而散。

幾位中南部立委也同步遊說當時的行政院蕭院長，我幾次到院長室與立委溝通，立委要求開放新購農地可興建農宅，更稱「否則高屏地區的農會將倒光光」，但院長的回答都是：「行政院支持農委會的版本，看農委會的立場。」

事實上，農民團體與中央黨部政策會也頻頻開會，提出修法方向。例如八十七年十一月各級農會三巨頭陳情，訴求重點是全面開放農地自由買賣、取消共有耕地分割最小分割面積限制、新購農地准予依現行標準興建農舍、劃定為不得變更用途之農地，應同時制定完整回饋制度，並予基本收益保障，按一公頃水田計算每戶以基本工資每月一五八四〇元計算為準，政府寬編預算挹注其不足差額之補償。是否修正農會法，調整農會組織並採行股金制，尚無共識，不必急於送立院審議。

財金農三巨頭，神祕會議解決農會呆帳

老農派立委強烈要求開放農地新建農舍，很大的關鍵來自農會呆帳，因為農民長期以來用農地抵押向農會信用部貸款，農地不能買賣和興建農宅，農會的呆帳就無法解決，隨時可能引發金融風暴。

但當時外界不知道的是，農委會雖拒絕用土地政策來解決金融問題，卻早已祕密著手籌設金融重建基金，要全力搶救呆帳連天的農漁會基層金融。中央銀行、財政部與農委會當時正在研擬設置「金融重建基金」，以政府出資方式，確保存款人權益，以及彌補經營不善的信用部資金缺口。

早在民國八十六年，亞洲發生金融風暴，台灣金融機構的資產品質急速惡化，國內金融機構逾放比率快速攀升，李總統指示中央銀行、財政部及農委會，參酌美國、日本、韓國、馬來西亞等國經驗，以政府公共資金挹注方式，設置金融重建基金，要迅速處理經營不善的金融機構，儘速回復金融秩序，以免引發系統性風險。

中央銀行彭淮南總裁、財政部邱正雄部長與我，定期會在中央銀行祕密開會，討論籌設金融重整基金事宜，定期與蕭院長入總統府向總統匯報，並研擬了「行政院金融重建基金設置及管理條例」草案。

當年這個首長會議是府院高度機密的洽商，為了避免消息走漏，每次我從農委會前往央行開會時，總是特別改從央行後門進出，以防媒體記者或不相關的閒雜人等發現。

當時台灣的基層金融機構逾放比問題已明顯惡化，農漁會信用的大筆天價呆帳，更有如沸騰的壓力鍋，隨時可能爆炸。邱部長、彭總裁都深知問題的嚴重性，每次開會時難免眉頭深鎖，但我們身為國家的政務官，不論眼前的問題有多棘手，都要負起責任解決。

記得邱部長當時私下問我，開放農地自由買賣的修法進度如何，因為許多銀行的貸款都是用農地抵押，但有些農地因違規使用，或因銀行非農民身分而無法拍賣，造成許多銀行適放比例嚴重。

我回答說，由於立委與行政部門間修法內容差異甚大，修法進度受阻，而且我不贊成用開放蓋農舍做為購買農地的誘因，應該還是用「設置基金」的方式，來解決經營不善的金融機構呆帳，較為適宜。

後來，很可惜的是，這場重要的祕密會議，在八十八年十二月辭職後不再參加，再過三個月後，又因總統大選帶來的政黨輪替，國民黨政府未能在執政時完成金融改革和整頓。直到後來民進黨執政，延續國民黨執政時奠定的基礎，才在民國九十年代動用近五百億元的金融重建基金，整頓了農漁會信用部及銀行的呆帳問題。

壓力如山，聖嚴法師面授「四它」

回顧農發條例修法的那一兩年，立委不斷施壓，行政院「表面支持農委會、私下可能妥協」的修法立場，我心中的壓力如千斤重擔。

另外，因為人生變化太大了，八十六年五月我臨危授命接任農委會主委，要迎戰處理三月起蔓延全台的口蹄疫，短短三天內從中興大學農學院院長變成了農委會主委，這是我這一生中擔任過的最高職位，但一介學者如我，突然要面對口蹄疫、農發條例修正等政務，還有立委和媒體不斷的質詢和追蹤，求好心切的性格，總讓我焦慮煩惱到晚上失眠，始終無法安心。

過去從來不曾接觸過佛法的我，在友人的引薦下，八十七年八月十五日到新北投中華佛教學院拜見聖嚴法師，想請教師父安心的法門。那天更因緣巧合，遇見十五年未見的中興大學學生，後來在美國完成俄亥俄州立大學農經博士的學生劉德如（出家後法名為釋果光法師），她親自到門口來接我，進入聖嚴師父的會客室。

一見到聖嚴法師，我心中湧出一種說不出的平靜，法師聽我訴說煩惱後，便教我學習安心的方法。先由果光法師示範，然後讓我親自體驗，師父並在旁親自帶領我一步步放鬆、數息，打坐。

接下來，法師開示教我如何以「四它」來處理逆境，也就是遇到各種逆境要「面對它、接受它、處理它、放下它」。不要閃躲，接受質詢與媒體的追蹤，以智慧與慈悲來處理，假如農委會無法處理，就要向行政院或其他管道呈報，放下它，不要執著、罣礙，因為還有其他的重大問題要自己處理。

師父讓我坐在蒲團上，他坐在我身邊，臉上是親切的微笑，平和的神情，一步一步讓我靜下心來。

開示結束後，師父邀我共進午餐，我看見餐盤上有起司，很好奇地發問：「出家人可以吃起司？」師父微笑說：「這是為了增加蛋白質的攝取」，眉宇間一派安詳自在。

接著，我們又談起了流浪狗不應撲殺、森林保育、環境生態等議題。當時我很驚訝，沒想到一位出家人竟如此了解世間的俗事，心中對師父的敬意更深了。

有了這次的學習，我的心靈煥然一新，師父開示的方法，讓我開始心有所依，也彷彿有了指引。

之後的日子，我總是期勉自己「以慈悲對待別人，以智慧處理事情」，從此可勇於面對記者說明政策，從容回應立委的質詢。起煩惱時就用方法，讓自己平靜下來，心平氣和的處理政務，很快地適應了政務官的處境。

即使後來立委要求農舍開放興建的壓力仍未停止，但我心已定，決心「一切隨緣走」，對農舍的立場也絕不會改變，一定要讓農地開放帶來的負面影響降至最低。

李總統曾力挺禁建農舍，「我跪下來拜託大家」

有關農地是否開放農舍興建的爭議，當時李登輝總統的態度，有著關鍵影響力。

八十七年九月十日，國民黨在革命實踐研究院中興山莊召開黨政協調會，李總統於開會前一天在總統府約見我。他很關心農發條例草案審查的進度，我回報農發條例已確定朝「放寬農地農有、限定農地農用」原則，並堅持「新購農地不得興建農宅」的方向，要向社會及民意代表說明。

李總統也很關心的問：「現在有什麼困難？」我告訴他老農派立委仍然堅持反對「新購農地不得興建農宅」，也積極向蕭院長遊說。

他一聽馬上問：「誰是老農派立委？」接著看了我提供關切農舍興建條款的立委名單後，他笑著說：「這些算什麼老農立委……我明天來講一些我過去反對企業家買農地的故事，讓他們不要再吵了！」

隔天在黨政協調會，李總統果然很堅定地強調說：「很多人靠土地賺很多錢，土地不是商品，還牽涉區位問題，所以才有國父的平均地權。」最後他甚至說：「我跪下來拜託大家，把觀念轉過來。」

李總統用「下跪說」來阻止老農派立委的威嚇，引起很大的效應，當時各大媒體都以非常大的篇幅報導，顯示李總統的立場，我心中也感到很安慰。

李總統當時不只公開表態，他一九九五年五月出版的著作《台灣的主張》一書中，更明白道出：「政治不能只顧選票」、「農地不可當成商品，農地的開發不能做為投機的對象……」。

經過這次李總統堅定反對農地興建農舍及法人購買農地後，來自立委的壓力表面上暫時略減。民國八十八年八月上旬，媒體刊載省農會提出訴求，開放農地自由買賣；取消農地買賣不得小於〇・二五公頃的面積分割限制、農地可以興建農舍、政府對重要農業生產用地給予每公頃每月基本工資回饋金等，若八月二十日前如未獲具體回應，省農會揚言兩百萬選票不投國民黨。

八十八年九月二十一日凌晨，發生九二一大地震，該地震肇因於車籠埔斷層的錯動，在地表造成長達八十五公里的破裂帶。死傷人數約兩千多人，房屋倒塌不計其數，災區的農地受到相當嚴重的破壞！

個人將近兩個多月，多到中部災區勘災、救災！看到災民的無奈與災情的慘重，為爭取黃金七十二小時搶救時間，全國上下團結一心，全民真的是廢寢忘食，奮不顧身的投入救災工作！行政院版的農發條例草案，因無法達成共識，在立法院經濟委員會未能完成一讀。

到了八十八年年底時，由於隔年三月的總統大選將至，國民黨選情告急，部分立委又再宣稱「民意要求開放興建農舍」，強力要求國民黨黨政高層讓步。

在多次協調中，我還是堅守立場，更具體表示：在「農地開放自由買賣」及「大幅放寬分割限制」的情況下，「新購農地不得興建農舍」是維護農地農用的關鍵利器。

我更一再向立委和媒體強調：「一旦關鍵利器不保，就如同打開了潘朵拉的盒子，後患無窮。」因為屆時，全國每一塊農地將變成「不用繳稅」、「低建蔽率」的建地，會造成嚴重的稅賦不公、公共投資浪費、農業發展受創、農地凌亂流失、農產品遭受汙染，真正從事農業生產的農民會是最大的受害者。

高層告知南部選情緊繃

民國八十八年十一月初，接到總統府電話，要我即刻入府，總統約見我。

二進總統府，李總統態度變了

我一走進總統的小會客室，李總統隨即出現，我尚未坐定，李總統即用閩南話問我說：「我昨天去高屏地區訪視，聽立委說連蕭南部地區都沒有票喔！」

他接著又說：「主要是農發條例第十八條規定中規定，新購農地不得興建農宅，農民與農會非常不滿，聽說民進黨的阿扁、親民黨的宋ㄟ都支持新購農地可以興建農舍，你看可以不可以把『新購農地不得興建農宅』這幾個字在條文中刪掉……」

李總統用閩南語和我說話，是要讓我感到親切，因為政壇的人都明白他的習慣，他與最親密的友人多用日語交談，與親近的人則用閩南語，一般接見時用國語。

但親切歸親切，他的要求卻令我非常震驚，馬上回報說：「連蕭民調比較低迷，應該與農舍議題關係不大，因為農委會針對農舍議題做過民調，新購農地不得興建農宅的政策，有高達六十七%的民眾支持。」

但李總統立刻說：「南部的立委說國民黨若堅持新購農地不得興建農舍，農民與農會反彈很大，他們無法輔選，我看你是不是先把『新購農地不得興建農宅』這幾個字在條文中刪掉，然後另訂行政命令嚴格限制興建條件，嚴格審查。」

我再次向總統報告：「兩年多來政府已歷經多次溝通協調以及修改放寬，農發條例修正案也在十月十一日行政院院會通過，送立法院審議，而農地開放自由買賣後，保護農地的尚方寶劍就是『非農民新購買農地不可以興建農宅』，否則台灣的每一塊農地將變成建地、變為商品買賣。」

我接著又說：「過去總統您也一直主張農地農用是政府的既定政策，不允許農地被用來非法炒作，現在全台灣剩下的七十萬公頃農地，都是精華農地，不應再做其他用途，應該好好用來發展農業。」

我向他說明：「立委質疑農地政策沒有鬆綁，主要是因農民拿農地抵押貸款形成農會的呆帳，可能引起金融風暴，但政策上不能用長期的土地政策來解決短期金融問題。農地此時變更開放不是時機，而且必須非常謹慎，也希望農民保有農地。」

至於先開放再以行政命令管理的可能性，我告訴總統：「農地涉及利益太大，如果改由行政單位制訂管理辦法來審核，會讓地方政府有裁量權，反而容易滋生弊端，對農業發展非常不利！」

為了農舍問題，我們奮鬥了兩年多，沒想到過去力挺農委會的李總統，態度卻轉變了，我心中很震驚，但還是很堅定必須堅守農地的立場。

於是我向總統報告：「假如要刪掉『新購農地不得興建農宅』這幾個字，那我就決定回學校教書了。」

李總統：沒有政權，一切理想都是空談

李總統聽了我的說法，神色凝重：「回去學校也一樣複雜，政黨沒有了政權，一切理想都是空談啦！」接著說：「你回去跟蕭院長商量！」

我回到農委會辦公室後，隨即與蕭院長電話聯絡，說明與李總統談話的內容。

蕭院長馬上回答：「如果總統要允許新購農地可以興建農宅，關係利益太大，行政院的立場不變，要改變的話，由李總統或李主席宣布。」

因此，在農委會與行政院的堅持下，「新購農地不得興建農宅」的政策暫時未變，府院會三方從此也未再討論有關刪除「新購農地不得興建農宅」的議題。我繼續為理想奮鬥，和學者交換意見、向媒體闡述理念，獲得了許多支持。

另一方面，針對李總統提出的「改由行政命令把關」，執行單位是在地方政府。我特地去拜訪由立委轉戰剛選上的屏東縣長，想知道地方政府的態度。

縣長毫不猶豫地告我，只要合乎規定，縣府一定會核准農舍興建，因為縣民是縣長的主人，興建農宅對地方發展有利。

他還說，農村經濟長期疲弱，逾半數以上的農民以農地向農會質貸周轉，但農業收入和農地價格雙雙下滑，農民已難有機會解套，而掌握大量農地的農會，在信用部長期逾放比例過高和資產大幅縮水的雙重壓力下，未來極可能爆發另一波全面性的農村金融風暴。

黨部密會，壓垮駱駝的最後一根稻草

在面見李總統一個多月後，大選越來越近，連蕭民調毫無起色，國民黨的壓力鍋彷彿要爆炸。在李總統約見我後一個月，十一月二十九日上午我接到黨祕書長電話，要我出席農發條例修正案協調會議，當晚在中央黨部大樓會議室舉行。

這場深夜會議，如本篇開頭所述，沒有一個高層支持農委會「新購農地不得興建農舍」的主張。他們一再聲稱，總統大選只剩三個多月，國民黨選情吃緊，新購農地不得興建農舍的規定造成連蕭民調落後。但我不認同這種說法，堅持不讓步。

眼見我不肯妥協，他們說國民黨將提出農發條例修正草案，黨版條文同意新購農地可以興建農宅，並由主管機關另訂辦法規範。

我的心剎那間降至冰冷的谷底。因為黨版的邏輯與李總統先前約見我時提出但被我所拒的主張相同。

換言之，李總統一年多前以「下跪說」力挺農委會反對農地新建農舍的態度，已經在老農派立委游說及選票考量下大轉彎了。

開放農地自由買賣的紛爭，已如無法預測的九月颱風，將農業縣立委吹得人心惶惶，也讓國民黨政權賴以維繫的派系與農會籠罩在風雨飄搖中。各地農會的農地貸押惡化、逾放比偏高，屏東縣部分鄉鎮農會總幹事在赴立法院陳情更稱「全國農會的平均逾放比應該接近三〇％」。

農會與派系結合向來是典型的農業縣政治生態，兩者形成堅固的命運共同體，又因人謀不臧，致使土地抵押借貸等業務上常演出「五鬼搬運」的弊端，一旦開放農地新建農舍，未來農地將淪為炒作的工具，當農地不再農用時，我們的糧食危機、生態危機，又要花多少力氣來搶救呢？

急赴法鼓山見聖嚴法師，學會尊嚴與放下

黨部深夜會議結束，回家之後，我一夜難眠。

隔天十一月三十日一早，赴農委會上班之前，我趕到新北投覲見法鼓山聖嚴法師，想說出內心的掙扎。

感恩法師慈悲，願意臨時接見，我心情沉重地向師父說明前一晚開會的情形，也說明自己為了要向歷史負責，準備辭職，以阻止民意代表的貪婪。

法師聽我說完後，輕聲問我：「假如依黨版通過，你會感到不安嗎？」

我隨即回答：「會終身遺憾，我將會成為歷史的罪人！」

法師點點頭，一字一句清楚地告訴我：「那就辭掉吧！做為一個政務官，要以大眾福祉為施政原則，更不可讓子孫與環境負債，既然你已盡力說明與辯護，那就放下吧！」

他接著說：「你堅定保護農地與環境，是慈悲的行為，你辭掉主委是放下，也是智慧的表現，將來一定會有其他重責大任讓你承擔。」

法師的一番話，讓我更加篤定，心中雲霧漸漸散去，益發清明坦蕩。

禮謝法師後下山，立即通知幕僚準備召開記者會，宣布將辭去農委會主委一職，並且不接受慰留。

事隔多年後，回想那一天清早，我始終無限感恩。因為政務官辭職是何等重大的決定，我信仰的價值觀受到挑戰，雖有辭職的決心，心裡卻仍不踏實，必須請教法師。而在緊要關頭之際，他對我的開示充滿智慧，我從聖嚴法師的身影上學會了尊嚴與放下，聖嚴法師是我一生永遠的心靈導師。

辭官之後回到中興大學，民國九十一年我到金山參加法鼓山舉辦的菁英禪三，正式皈依聖嚴師父，法名常隨。

聖嚴師父任命我擔任首任與第二任的法鼓山法行會中區分會會長，協助弘揚法鼓山的心靈環保運動，推動提升人的品質，建設人間淨土的理念。

因理念無法落實而辭職

十一月三十日下午，做好了一切準備，我手持德國南部巴伐利亞的美麗農村的看板，在農委會記者室正式向媒體說明，決定以個人去留表明維護農地的決心。

辭職記者會，為政策做最大的辯護

記者們非常疑惑，不解我怎會此時突然召開辭職記者會。因此各家媒體齊聚在小小的記者室。我以「辭職為政策做最大的辯護」為題，詳加說明。

我先說明自己是新竹縣北埔鄉的農家子弟，曾在農業行政單位與大學服務多年，深知台灣農民的疾苦，了解台灣農業發展的優勢與制約。

接著闡述開放農地自由買賣的政策目標，是放寬自然人及農企業法人得有條件承購農地，加速農業企業化經營，帶動農業升級；且修正案制定過程中，農委會徵集過學者、專家意見，並與各級農民代表、農會領導人座談，還在全國農業會議邀農政機關、農民團體及產業團體等千餘人次研商，同時參酌民代意見，做為修法重要參考。

有關未來農舍的興建，未來要規畫高品質農村社區。農發條例修正前已取得農地者，或修正前共有之耕地於修正後分割者，仍可依現行規定興建農舍，對已有農地的農民不會受影響。至於新購農地者如無自用農舍，得以集村的方式興建，政府將訂定獎勵輔導辦法。

農委會修正內容，已能充分解決現階段農民、農村制度面的問題。並期以制度帶領未來的農村將「生產用地」與「生活用地」分開，讓「農業有未來、農村有希望」。

以個人去留保衛農地，已戰到最後一分鐘

我再次重申「政務官的去留，就是最大的政策辯護」，以個人去留來保衛農地，絕對是已戰到最後一分鐘。

接任農委會主委兩年半，我一再堅持當農地開放自由買賣及大幅放寬分割限制後，維護農地農用的關鍵利器就是「新購農地不得興建農舍」。不論公開場合或私下聚會，農委會與立委溝通逾百次，在政治的攻防上已盡最大努力。

若允許新購農地可興建農舍，全國農地將變成不用繳稅、低建蔽率的建地，短期農地市場的交易雖可活絡，農地價格會上漲，但長期而言，農地與農業生產環境將被破壞殆盡。如依總量管制採許可制方式，合理釋出農地變更為非農業使用的建地，房地產價格將由市場機制調節，可在合理範圍變動。故政府以集村方式的管理機制，與變更農地的市場機制併行，可保障合理的農地及房地產價格。

未來農宅可於現有鄉村區邊緣鄰近土地興建農舍，共同利用現有鄉村區公共建設與生活機能，提升生活品質。

至於為何農地一定要農用？任何先進國家，甚至中國大陸，都有一部國土計畫法，將全國國土精密地編定，任何土地的分區管理，均不得任意變更使用，且須依編定規範使用。例如：經編定為工業用地者，不得隨意變更供住宅、商業使用；編定為商業區者，使用性質、用途及建築密度也有一定規範。而農地除了依法變更為其他用途者外，供農業使用是全國一致的規定。

面見蕭院長，遞交辭職書

記者會結束後，傍晚六時，我到行政院面見蕭萬長院長，提出書面辭呈，詳述辭職理由，辭呈中提到「不能因選票而影響農業長遠考量」，表達我的堅定立場，絕不因政治壓力而妥協。

蕭院長當場慰留我，表示了解我的心意，社會大眾也明白我的理念，希望我留下來繼續努力。當我一離開行政院，他立即將書面辭呈退回農委會，沒有批示。

但即使行政院未應允辭職，我自隔天起開始請假；身為國民黨中常委的我，也不再出席國民黨中常會。

根據中央社報導，當時的行政院發言人、新聞局長趙怡當晚對外表示，行政院的立場非常清楚，自始自終支持農委會的立場，「過去如此，現在如此，未來也是如此」。他還說，蕭院長認為我沒有必要辭職，行政院是農委會的後盾。

趙怡還說，蕭院長「不接受」彭主委的請辭，且行政院將遊說立法院支持行政院版草案。[7]

農民遊行力爭農舍開放，代理主委走在前頭

不論行政院如何表示，我辭職的心意已決，不接受慰留。幾天後院長批示了我的辭呈，我正式離開農委會主委一職，由政務副主委暫代。

就在我離去的隔天，十二月七日，在幾位黨政高層與省農會的主導下，中南部農會帶領農民北上抗議，立法院院長登上抗議專車，批評行政院版的農發條例，也寫下國會議長向政府「抗議」的新紀錄，而當時的代理主委加入農民遊行行列，媒體評為「形成極為諷刺的畫面」。

隔天中國時報的特稿寫著：「當前的政壇只要靠對邊、少一點自己的堅持與意見，人就會紅。政壇的冷暖、現實與勢利，人性的自利，盡在其中矣。」[8]

國民黨中常會十二月八日通過農委會副主委扶正的人事案，他在立法院接受朝野立委兼

具讚美與批評的洗禮。面對在野黨求官心切的指責，新任主委強調，農委會完全尊重立法院決定，他也不會因為立法院農發條例有所修正而辭職求去。

當時媒體報導也提到，民進黨立委柯建銘認為上萬農民上街陳情，代理主委走在前頭，「根本就是事前和立法院、行政院和國民黨說好，分明已表態棄守行政院版」。

農發條例修法過關，「管地又管人」沉痾再現

新任農委會主委上台後，沒有再堅持農地不得新建農舍的主張，不到一個月後，八十九年一月四日，立法院三讀通過「妥協版」的農業發展條例修正案，開放農地可興建農舍。

新修正條文規定：「本條例修正施行後取得農業用地之農民，無自用農舍而需興建者，經直轄市或縣（市）主管機關核定，於不影響農業生產環境及農村發展，得申請以集村方式或在自有農業用地興建農舍。」

行政院版農業發展條例的修正，主要的精神即為因應經濟發展，允許自然人及農企業法人承購農地，期引進資金、技術、人才，加速農業企業化經營，帶動農業升級，因此將原

來的「管地又管人的農地農有」政策調整為「管地不管人」，並以相關之規定來「落實農地農用」。

立法院三讀通過的「農業發展條例修正案」，增列有關地權及地政問題之鬆綁條文，對農地保護不利。黨版農發條例為了開放在自有農地興建農舍，把「農民」的資格改為「無自用農舍的農民」，這使得原本的「管地不管人」立法精神，重新回到「管地又管人」的原點，且為「一國兩制」，行政成本太高，並易造成弊端。

此外，在稅制優惠及農民福利的誘因下，會造成更多人向地方政府申請興建農舍，助長地方政府權力坐大，更造成「人頭農民」再度出現，農民數目不但不會減少，反而增加。最後更導致台灣農地價格飆至全球最貴，更衍生出行政成本過高，浪費國家有限資源等亂象，創造了台灣荒謬的農業奇蹟。

政務官要對歷史負責

其實我知道辭職並不能挽回農發條例的命運，阻止不了農舍開放興建的悲劇。但我認為，身為政務官，要為理念奮鬥，要對歷史負責，農舍興建絕不能在我任內開放，否則我將成歷史的罪人。

當時的媒體和輿論，對我非常支持，有許多肯定我的報導，例如中央社的一篇報導就說：

「彭作奎於八十六年五月十五接任農委會主任委員職務，學者從政堅持理念的性格表露無遺，但在政策理念與實際利益相當衝突下，常遭基層農業界批評政策太過理想化，雖然在政策理念無法落實的情況下辭職，但卻保留了一位政務官的尊嚴與風範。」

我在多次與相關人員開會、討論、闡釋、呼籲後，努力全無效果，深知孤掌無力難回天，做出辭官的痛心決定，辭官獲准之後，許多記者都落淚了，也不少民眾投書聲援，農委會主委辦公室門前更擺滿各界送來為我打氣加油的花籃，連走在路上都有不認識的陌生人主動向我打招呼或握手致意，甚至感慨落淚。

重回校園，市井小民相挺送暖

別小看人民的智慧。有一次搭乘計程車，一上車便被司機認出，他一路和我討論農發條例，也對鄉間豪華農舍濫建的現象很不滿，最後下車時更堅持不收我的車資。

還有一次在外用餐時，一位坐我對面的陌生人向我點頭微笑，等我用餐完要結帳時，才發現他竟然已幫我付過錢，我連謝謝都還來不及說，他就已經走遠，讓我心裡感到非常溫暖，也再度相信自己的堅持是正確的。

但儘管輿論、媒體和學術界普遍支持我，行政院與執政黨的妥協已無轉圜餘地，農發條例的命運無力回天，相較於民間的溫暖相挺，政壇的反覆冷漠，實有天壤之別，令我感慨萬千。

如今回顧歷史，我仍相信自己的堅持與作為是正確的。辭官之後，重返台中中興大學教書，中興師生對我伸出溫暖的手，在清新純樸的校園裡，一點一滴重新尋回心靈和生活的平靜。

還記得那時剛搬回台中，重新油漆兩年多沒住的老家，請來的油漆師傅一面工作一面跟我聊天，他笑說：「主委你真傻，人家做官都在撈錢，只有你還回來住這種老房子⋯⋯。」

我跟著笑了起來，房子雖老，官場也走過了，我沒有撈錢，但捍衛了自己的信仰，重做布衣，心中只有無比踏實。

人生要有歸零的勇氣

回到中興大學任教後，一切又是新的開始，校園依舊青翠，兩年半的政務官生涯，帶給我更多在政策與實務間，求取平衡點的思考與抉擇，亦讓我多年來在學術上的政策理論能有實證的機會。

能捨能得，海闊天空

至於辭官，主委是政務官，但是當政策理念與自己的主張及違背國家長期發展時，辭職是對自己理念的負責，不應為政治服務而違背學理與承諾。從當初離開中興大學農學院到農委會的第一天，原就是我重回校園倒數之日的開始。

回到學校，我很坦然，心情也很平靜。但驚訝的是老朋友看到我不是哭紅著眼稱讚我，就是不太好意思跟我講話，深怕傷到我。也常有陌生人見到我，紅著眼眶、豎起大拇指，還有人上前對我說「讚」，非常溫暖。

從他們的表情，我深深的體會到，我的辭官對他們而言是「一個不可思議的割捨」。「不當官，氣色怎麼還那麼好？」朋友劈頭一句問候語，更令我啞然。「官」似乎還是眾人追求的目標，「相由心生」，因此，辭官臉色一定很差，這是一般人的想當然爾。

其實，對一件事情的感受是「苦」是「樂」，端在一念之間。重要的是：「你想要什麼？」要「得」必須「捨」。

心經說：「照見五蘊皆空，度一切苦厄」，金剛經更直指：「凡夫之人，貪著其事」；當一個人自知選擇的是「理想」，清楚知道追求的是自己要的，願意為「理念」負責，縱使失去眾人爭羨的「權與勢」，也不會因「想要」而痛苦，自然就不會苦悶，氣色當然就好囉！

重回國民黨，輔選連蕭配

一個多月後，民國八十九年一月間，連蕭競選總部胡總幹事到我官舍拜訪，希望我能出面為選情低迷的連蕭配輔選，因為黨部評估認為我當時人氣很高，加上我的客家人身分，可以爭取客家和農業界的票源。同時也希望我返回國民黨中常會開會，讓國民黨展現泛藍大團結的氣勢。

雖然當初辭職過程中受過傷害，但當下我立刻答應。因為我接任農委會主委時，行政院院長是連院長，辭職時是蕭院長，他們二位都是我的老長官，基於緣分未了的心情，我仍然願意為老長官貢獻我的力量。

二月十六日，我與章孝嚴先生同時重返中常會開會，會後李主席還特別約見我，聽取我對新竹縣選情的看法。我回答主席說，「新竹縣歷次選舉多以宗親、派系為主，與黨籍關係比較小，目前新竹陳前縣長進興是宋的大將，影響力很大，連蕭配必須加把勁。」

李主席似乎了解狀況，期許我在新竹縣客家族群與農業界的影響力，積極幫忙老長官連戰拉票。

選戰倒數的最後一個月，我多次跟著連先生到新竹客家鄉鎮掃街拜票，每當和選民近距離接觸時，他總是緊拉著我在他身邊。許多客家鄉親看到我更是熱情，還有人一再為我的辭職感到惋惜和不捨。

輔選過程也接觸了農民團體，當時的新竹縣農會總幹事陳重光特別告訴我，八十八年十二月七日農會赴立院抗爭要求開放農舍興建時，參加的全是南部縣市農會，包括新竹縣在內的北部農會都未參與，因為他們都支持硬頸的主委。

面對敗選、目睹群眾抗爭施暴，躲過一劫

民國八十九年三月十八日總統大選，最後的結果誠如選前民調，國民黨連蕭配得票率二十三．一％，親民黨宋張配三十六．八四％，僅小輸民進黨陳呂配三十九．三％。陳水扁與呂秀蓮當選中華民國第十任正副總統。

農發條例修正案通過了，開放了農地可以新建農舍，但連蕭配在彰化以南的農業大縣，得票率卻幾乎都是吊車尾，大幅輸給陳呂配。而北部縣市（宜蘭縣除外）都是宋張配的天

下，尤其在客家縣份，宋張配的得票率都在四成以上，在新竹縣甚至達五十二%。

顯然，農舍開放雖過關，老農派立委選前的勇猛惡狀，換來的竟是選舉落敗，國民黨的確是賠了夫人又折兵，立委們又要如何面對黨國呢？

國民黨的落敗，也帶給我很大的震撼。根據維基百科的記載，國民黨中央黨部在選前提報的民調結果都顯示連戰會贏，只是多少的問題。因此選前一天，李登輝還告訴美國前駐華大使李潔明：「國民黨的連戰會贏六個百分點」。國民黨有些估票系統提醒指那些樂觀的選情有假，但李總統不信，還一度懷疑其忠誠。

選舉開票當晚，李總統取消前往國民黨中央黨部的行程，因為「口袋裡只準備了勝選謝詞，沒有落選感言」。而宋楚瑜的支持者從十九日凌晨即群聚國民黨中央黨部，要求李登輝下台為選舉負責。

到了中午，國民黨決定召開臨時中常會，國民黨及宋張支持者聞訊又開始聚集中央黨部，利用臨時中常會向李總統抗議。

台北鬧得沸沸揚揚，我在台中的生活依然平靜，三月二十日早晨，我與中興大學同仁到南投南峰高爾夫場打球，卻突然接到中央黨部電話，下午要召開臨時中常會，希望我出席。

雖然只打完第一洞，我立即向隊友告假北上，到台北中央黨部出席臨時中常會。

根據當時的媒體報導：「當天下午二時四十分，中央黨部前已聚集了兩三千名群眾圍住中央黨部南北兩側停車場出入口及大樓門口，群眾情緒失控，看到『黑頭車』入黨部側門就打，有人擲花盆、有人持榔頭敲毀車窗檔風玻璃，七、八輛黑頭車遭殃。」

當時，我坐的車正好在中常委徐立德先生與王金平院長的凱迪拉克大車間，親眼目睹了那場混亂。

那時由於仁愛路側門車道口被群眾包圍無法進入，我看著徐立德先生的座車抵達中央黨部，接著他下車走向正門，十餘名群眾立刻一擁而上連番追打，徐先生在大門柵欄跌倒，立刻引來群眾拳打腳踢，最後在保一總隊保護下才進入黨部。

而王院長抵達黨部後，也遭群眾發現並拉扯，王院長的領帶被扯落，最後在警方保護下才搭上座車離開現場。

我因為搭的不是凱迪拉克，只是公務用的豐田汽車，群眾在打完徐立德先生後，又奔向我的座車，趴在我的車身檢查。我在車裡親耳聽到群眾的吼聲：「這輛不是，讓它走！」讓我躲過一劫。

事隔多年，我仔細回想，農發條例修正過程中，李總統從堅持農地農用的下跪論，卻因為連蕭配的選情低迷，而出現「髮夾彎」，政策大轉向，他認為政權沒有了，所有的理念都是空談，因此主張新購農地可以興建農宅，為連蕭選舉創造條件。

就我個人所接觸層面的感覺，李總統始終對連蕭配會當選很有信心，但誰知道最後竟事與願違，反而被外界認為他背叛國民黨，甚至要求他辭去主席負責。

從政兩年多，親身經歷，見證台灣政壇與農業的轉折，實非我願，不勝唏噓！

政治凌駕專業種惡果，全民共業

農發條例修法已二十年，多年來我仍常常想到當年立委曾說「彭主委把農發條例修正案的影響，說得太嚴重了」，某位高層更說我提出的政策是「書生之見，太理想了」。

但事實證明，八十九年錯誤的農業政策─開放農地自由買賣和新建農舍，打開了潘朵拉的盒子，一切預期惡果如今全已顯現：農舍興建案數量激增，田間農舍星羅棋布，農地遭受無法挽回的被破壞惡運，良田出現太多豪華農舍、民宿、餐廳、土雞城，因為炒作，農地價格炒翻飆漲，想耕種的青年農民買不起農地，進而危害台灣的糧食安全。

尤其在建商利誘下，許多老農民把土地賣掉，搬到市區置產，從此失去與土地和故鄉的連結，等他們驚覺悔恨時，當初的農地早已身價翻倍，再也買不回來了。

還有許多盼望到鄉間買農地、蓋農舍打造田園夢的城市人，也很快夢醒。因為到鄉間買了農地、農舍，不久後竟發現鄉間環境遠不如都市那樣繁榮先進，生活機能更遠不如都市便利，只能在失望之餘轉手賣掉，造成農地價格一再炒高，而且淪為炒作工具，再也不能用於生產。

更糟的是農舍濫建後，排放的家庭廢污水因需利用水利會渠道，從此瀰漫農田間，嚴重污染農業生產環境的水質，並危及農作物及稻作的品質安全，全體消費者跟著受害，全民要一起承擔農發條例修法留下的共業！

環顧今日千瘡百孔的農地問題，我始終不曾為辭官的決定後悔，政務官擬定政策，理應為政策辯護，行坦蕩大道，絕不以政策虛晃，表面開放，卻另以行政命令作梗，此實非大有為的政府所當為。

尤其當時我堅持應在母法明定「新購農地不得興建農舍」，而非以子法的行政命令授權地方政府進行防堵，因為行政命令會造成「立法不明、執法無據」，人人鑽法律漏洞，且讓人民處在犯罪邊緣。

最明顯的例子就是屏東縣及雲林縣，政壇上曾有兩位先後競選副總統及總統的候選人，都因自己或家人有違規農舍而倍受批評，形象受創，最後都落選。

田園夢碎，浪費農地資源

農發條例引發的另一個問題是太多人追逐田園夢，許多社會菁英，例如退休公務員、企業主等，一窩蜂地購買農地，就和買一台電視機是一樣的目的，買農地變成一種消費行為，是為了要讓自己修身養性，甚至休閒娛樂，而不是把農耕做為投資生產，更不是追求利潤或收益。

這些社會菁英對農業政策的反應度都較低，大多是為享受退休田園之樂，或周末度假。最典型的指標就是蘭陽平原的一棟棟豪華農舍，造成假日雪隧塞車的噩夢。

我有一位朋友，原本是老師，在南投縣魚池鄉買了〇．二五公頃農地，蓋了一棟舒適的別墅型農舍，一開始種玉米、甘蔗等作物，但因為是門外漢，病蟲害毀了全部的農作。

隔年他改種茶，但一場颱風過境吹歪了茶樹，外行的他又把茶樹一株株扶正，沒想到茶樹還是死光了。後來他請人割草，割草工人又把整行的茶樹割出傷口，漸漸枯死，他就阿Q地想成「是颱風颳的」。

到了冬天，茶樹被天牛蛀光，她又安慰自己：「就當這些地方還沒種茶樹吧！」好不容易，有一次原可以大量收成了，沒想到兩分地茶園卻被盲椿象吃得只剩下十公斤的茶菁，她又想：「我原本也沒有種茶呀！」

這種不求生產和利潤的心態，正是社會菁英的務農寫照。但事實上，他們擁有的田園仍是有生產價值的農地，免交地價稅或田賦，又可以請領友善環境生產、有機肥料的政府補助，這樣的農地使用方式，不是太可惜了嗎？

修正農宅興建辦法及老農津貼條例

農發條例修正後，二十年來，農舍濫建的問題日益惡化，但歷經兩次政黨輪替，藍綠政府都因害怕丟掉政權而不敢碰觸此議題，其間經歷過七任農委會主委及內政部長，皆坐視一塊塊優良農田的中央種起豪華農舍，尤其是農舍濫建最嚴重的宜蘭，更創造出令人驚嘆的「宜蘭奇蹟」！

唯一一次，政府終於出手遏止亂象，但也只成功了一部分而已。

民國一〇四年，農委會主委陳保基與內政部部長陳威仁「雙陳」聯手，決意推動修正農發條例的子法「農業用地興建農舍辦法」，明定農舍的興建人和購買者，都應具有農民資格，以杜絕非農民蓋農舍、買賣農舍，進而炒作農地價格。

「雙陳」修法為的是彌補過去缺失，必須趕快修法讓農地流失問題止血，維護「農地農用、農舍農有」政策。

但修法過程難關重重，一〇五年又是大選年，國民黨選情與八十九年相似，雖然當年農發條例創造的「利多」，換來的只不過是創新低的總統大選得票率，丟了政權又背負「農村亂象元凶」的罪名，但這一次「雙陳」想修法，依然躲不過立委和既得利益者聯手阻擋的壓力。

尤其是房地產仲介業者反對的聲浪非常強大。究其因，近十多年興建的農舍，超過六成起造人非農民，農地也非農用，漂亮的農舍「種」在田間開起民宿、餐廳、休閒農場，地方政府長期怠惰稽查，讓農地炒作越來越嚴重，創造全世界最貴農地的奇蹟，更讓房產業者從中大舉獲利。

而農委會與內政部的修法，正是希望能減少農舍興建的申請案件，「農業用地興建農舍辦法」修正草案最初規畫了幾項措施：

（一）務實釐定農舍起造人的農民資格

農舍起造人應具有農保資格或全民健保第三類資格，如農舍起造人未具農保資格或全民健保第三類資格者，應由審查小組確認申請人實際從事農業生產，並另檢附農業經營計畫，以供審認農民興建農舍輔助農事經營之需求及必要性。

（二）農舍移轉之承受人資格應予限制

鑑於農舍移轉比例偏高，商品化情形嚴重，為符合農舍係為從事農業生產事實而有居住需求之立法意旨，因此農舍承受人資格亦應加以限制，亦即應有實際務農之事實。

修法過程中，陳保基曾透露，當農舍與建辦法修正草案公布時，第一時間來找他溝通的不是農民團體，而是不動產業者團體。

農委會為了要卡住六成非實際務農農民蓋農舍，力抗仲介的態度非常強硬。但根據當時的媒體報導：「陳保基沒有想到的是，雖然農舍與建辦法修正案已獲馬英九總統與行政院長毛治國首肯，同黨立委還是一路追著打。」

媒體的報導更指立委先是找行政院高層「疏通」，接著揚言杯葛預算，即便農舍興建辦法已在九月公告實施、送立法院備查，立委仍想連署翻盤。

媒體更直批：「這種動搖國本的問題繼續擺爛，有這樣的隊友，國民黨還需要敵人嗎？」[9]

最後，此次修正案在立委壓力下，只通過了「農舍起造人的農民資格」，未能加入「農舍移轉之承受人資格應予限制」的條文。換言之，雖限制農舍只能由農民興建，但與農舍買賣脫鉤，未限制農舍購買者的資格，未來仍可自由買賣。

「建商派」、「老農派」立委們，雖然對外強調要維護農民權益，但實際上維護的，根本不是真正務農的農民，而是想炒農地大撈一筆的建商。

後來，根據內政部統計，二〇一五年八月農地成交量因此減少四十六・八％，成交值減少五十六・三％，確實初步遏止了農地炒作，但未來建商是否會向農民「借人頭」興建農舍，仍值得觀察。

另陳保基主委發現農委會年度公務預算中，約六十三％是拿來做為法定福利與補貼支出，如不改善，台灣農業會因新進老農購農地、蓋豪宅、請領老農津貼、休耕補助與農保給付，嚴重影響農業資源品質與施政經費有效運用。

陳保基主委積極爭取立委之支持，老農津貼暫行條例於一〇三年七月十六日修法後，新加入農保者的老農津貼修法調整前，已加入農保且持續加保者，於六十五歲時，農保年資滿六個月未滿十五年，且符合請領資格條件者，先領取半額津貼三、七五五元，等到年資達十五年，才發放全額津貼七、五五〇元。

修法後，農保被保險人之加保年資須達十五年，且符合請領資格條件者，才發給全額老農津貼七、五五〇元。根據統計，農委會老農津貼支出從民國九十七年至一〇九年，共計節省了五七六・四二億元，金額相當可觀。

附註

1蘋果日報，二〇一九年三月十二日，https：//tw.appledaily.com/headline/20190312/VSGIWGGQ7KK2XFMCMZAEWJQ3WI/

2上下游新聞，二〇一二年十一月十五日，https：//www.newsmarket.com.tw/blog/20076/

3監察院，https：//www.cy.gov.tw/CyBsBoxContent.aspx?n=133&s=2558

4聯合報，二〇一三年十一月十八日。

5上下游新聞，二〇一四年三月十三日，https：//www.newsmarket.com.tw/blog/47951/

6監察院，https：//www.cy.gov.tw/CyBsBoxContent.aspx?s=6249

7中央社，八十八年十一月三十日。

8中國時報，八十八年十二月八日。

9聯合晚報，二〇一五年十月十五日。

第二篇

政府掠奪農地的真相

驚覺台灣土地的傷痕

台灣的農地在民國六十四年起編訂「特定農業區」和「一般農業區」，並實施土地使用管制，以維持農地農用。過去在「以農業培養工業」的經濟發展策略之下，造就了經濟成長與國民所得提高，工商業發達，但農業卻相對落後，甚至農業僅存的農地資源，不斷被非農業使用蠶食鯨吞。

台灣農地大多已支離破碎，齊柏林導演的空拍紀錄片《看見台灣》，更讓人驚覺台灣土地的傷痕，違建工廠林立在農地，工廠廢水同時污染農地，超限利用邊際農地，「工業摧殘農業」的現象歷歷在目。

民國八十九年立法院通過農發條例的修正案以前，台灣的農地政策是採耕者有其田政策，「農地農有，農地農用」。但後來農發條例修正案放寬農地的分割，而且准許自由興建農宅，從此引發優良農地大量流失，例如在宜蘭的蘭陽平原，從空中俯瞰，農地上斑痕點點，正是慘痛的結果。

早在農發條例修訂以前，國土違規使用、超限使用，已導致台灣農地大量流失。許多國土原來的地目雖編定為農地，但是實際用途都已經不是農業使用。

許多人買農地不是為了要務農，而是為了投資炒作，造成農地價格不斷上漲。例如集村農舍的興建，建築基地百分之六十是位在特定農業區上，依規定配比農地卻在偏遠、生產力差的農地，且與建築用地相距甚遠，集村興建之農舍實為集合住宅，成為住宅化與商品化（買屋送地），顯然悖離農業經營及違反原立法本意，農委會與內政部在民國九十九年九月八日遭監察院的糾正。再加上政府很多補貼或農民福利政策又和農地綁在一起，如農保、老農津貼，導致許多老農不敢將農地租給別人，隨時準備賣給建商。

另因當年三七五減租條例的陰影，農地租賃市場難以活化，政府的補助也難以落實到實際耕種者，而且農地租金還隨著政府補助的提高而上漲。農地價格愈來愈貴、租金愈來愈高，已無法吸引更多有心務農的年輕人。

耕地每年平均減少三千多公頃

農委會民國一〇〇年委託學者進行「台灣潛在糧食自給率及最低糧食需求」之估算研究結果顯示，台灣的綜合糧食自給率只有三十二%，相較於日本四十%、韓國四十二%、中國大陸九十五%、美國一二八%，台灣明顯偏低。尤其台灣的穀物自給率（以熱量權數計算）從民國九十年的三十%，十年後下降到二十四%（小麥、玉米不到二%）。當國際穀物價格上漲時，台灣的麵粉、油脂、豆類加工與畜牧等行業，會受到最大衝擊。

根據農委會估算，在完全無法進口糧食的非常時期，要維持國人每日基本熱量及營養結構前提下，全台所需總農地為七十四至八十一萬公頃。

但根據農委會的統計資料，台灣農地面積也在不斷減少中，從民國六十六年至一〇七年，共減少十三萬三千公頃，耕地平均每年減少三・二三三公頃。

主要原因是產業擴張用地及公共建設用地，以區段徵收將農地轉為其它用地。此種轉用現象甚至在都市發展用地供給已過剩時，仍然持續進行中。

都市計畫個案變更，讓私人與團體（包括宗教慈善團體在內）變更農地為都市發展用地。非都市土地開發許可制度實施，允許農地變更開發為住宅社區、學校、醫院、遊憩設施、高爾夫球場等，以及私人工廠違規使用。

民國八十九年以後開放農地可以申請興建農舍、民宿、休閒住宿與餐飲設施，近年更有農地種電等。

很多的環保團體認為，政府帶頭破壞農地，一是農發條例的修訂，開放農舍自由興建，另一個是區域計畫法執行不力，甚至被架空。

台灣農地種種亂象的產生，首先是區域計畫法並沒有強力執行，民國一〇三年，最後一次全國區域計畫的修正過程中，農委會甚至曾經建議刪除各縣市農地的需求總量，而改用所謂農地資源分布來規範，強度當然比不上對需求總量的規範。

其中，農舍興建造成的農地價格上漲，未來是否能依國土計畫法在農業發展區禁建農舍，農委會已失去撥亂反正的勇氣。

雪上加霜的是，蔡政府一〇五年上台後，又以「就地輔導」為名，給農地違建工廠來一次「大赦天下」，讓既有工廠就地合法，再次嚴重傷害台灣農地。

更有甚者，政府近年又推動「綠電大躍進」，全台到處「種電」，成了農地的最新殺手。鋪上太陽能板的農地不再有光照，這對土壤是嚴重的傷害，已不再是農地，而且二十年期限後，如果不再種電，能否恢復為良田，更成隱憂。

區域計畫法，缺乏分區指導功能

台灣自政府遷台後一直沒有制訂國土計畫法。《區域計畫法》在民國六十三年農地已開始大量流失的情況下公告施行，北、中、南、東部四個區域計畫，分別在民國七十二年前後實施，農地流失的問題開始逐漸浮現。

回顧一下台灣空間綜合計畫系統發展，日治時期一九三六年頒行《台灣都市計畫令》以規劃管制市地發展。這套法規在二戰後持續沿用，直到民國五十三年被國民政府修正公布的《都市計畫法》取代。《區域計畫法》到民國六十三年公告施行，開始針對非都市土地進行分區與編定。

所謂「非都市土地」編定，僅記錄當時土地使用現況。分區只能藉由限制個別土地變更編定種類來控管土地利用，導致計畫合理性的自始缺乏，也破壞分區對用地的指導功能，缺少全國整體長遠計畫或實質細部的空間規劃。

此外，《區域計畫法》從未試圖建立對都市計畫與部門計畫體系的影響或關聯，缺乏對現實或其他部門決策的影響力；中央政府將土地利用管制的執行交給縣市政府，卻又對縣市政府的不作為缺乏制衡手段，讓非都市土地淪為都市計畫預備用地。

此一問題不僅於地方，中央政府過去常以重大建設或經濟發展為由，架空區域計畫，例如當初規劃國光石化時，經濟部就不曾從國土規劃的角度去檢討其計畫。

開發許可制，農地輕鬆變更成工業區

民國八十九年《區域計畫法》增訂第十五之一條以後，開啟了「開發許可」的潘朵拉盒子。個別開發案可變更編定程序，無須連動檢討區域計畫，便能以「開發許可」變更分區，使得分區管制形同虛設。

例如農業區不得建工廠，但在這種狀況，只要申請分區變更，將農業區變更為工業區，就可以避開這些限制，導致土地管制功能喪失殆盡，區域計畫被架空而無力化，對非都市土地的指導作用喪失殆盡而形同具文。[1]

因此，環保團體認為區域計畫修正案為割地賠款，當經濟開發與農業永續衝突時，永遠犧牲農業。

例如，桃園航空城、苗栗大埔、淡海新市鎮二期、嘉義馬稠後、彰化大城……都是《全國區域計畫》有關農地修正案，引起環保團體和農民的高度恐懼，認為是繼《農業發展條例》修正案之後再一次的農業與農民大浩劫。

浩劫一：區段徵收

所謂區段徵收，是政府將一定區域內的私有土地全部徵收，重新規劃及開發，部分土地由原地所有權人按一定比例領回或優先買回，其他土地則由政府建設公共設施或讓售給國宅、其他需地機構建設，剩餘土地公開標售來償還開發成本。

政府強奪人民居住權益

台灣的區段徵收制度源自歐美的超額徵收制，此制度十九世紀在法國、英國及比利時被應用，又傳到美國、日本。但二十世紀初，美日都廢除，因為當時康乃爾大學費斯庫教授認為這是危險的制度，美國各州一百多年前已達共識，認為違憲且侵犯私人財產，全球目前僅剩台灣仍採用區段徵收，但台灣土地相關書籍都未提到區段徵收在外國已被廢除。

民國七十九年間行政院函示「凡都市計畫擴大、新訂或農業區、保護區變更為建築用地時，一律採區段徵收方式開發。」至此，爭議性區段徵收案在各縣市層出不窮。

目前全台有五大爭議區段徵收，總面積約五千多公頃，衝擊十多萬人，每案涉及面積均超過三百公頃。其中受牽連面積最大的是航空城三一四八公頃、第二大的是位於桃園捷運綠線五四六公頃；抗爭最久的竹東二三重埔三〇八公頃、新竹縣台知園區四一〇公頃；台北社子島二九八公頃，面積總計四七一〇公頃。

這五大徵收地區，在被徵收者眼中，都是政府對人民土地的掠奪。例如竹東二三重埔徵收案，在國家糧食安全的考量下，農委會建議全國保留八十一萬公頃農地，但即使全國農地不斷流失，桃園捷運綠線竟然還要超額徵收上百公頃的農地，竹東二三重埔徵收案抗爭逾四十年，新竹縣政府也不斷以工業用地為由徵收農地。

五大區段徵收自救會曾在一〇九年八月舉行記者會，航空城反迫遷聯盟發言人蔡美齡在會中說，以航空城來說，徵收案第一期牽涉面積約兩千六百多公頃，居民已抗爭了七、八年，「後面一直超額徵收，連當初同意徵收開發的居民都無法接受。」

她說，全世界只有台灣還在用區段徵收制度侵犯人民的工作權、居住權和財產權，「我們存錢買的房子，現在政府要徵收，這合理嗎？」

仲介騷擾搶農地，農民壓力太大幾崩潰

區段徵收帶給農地的殺傷力，更已大到讓農民難以招架，例如航空城納入區段徵收後，當地地價被高度炒作，一坪農地被炒到十幾萬甚至二十萬元。

桃園綠捷守護農地聯盟發言人趙鳳英也說，「區域內居民大部分是單純農民，希望耕種也喜歡自然環境，但仲介到處貼買地賣地廣告、每天按門鈴，農民既生氣又擔心，大家想把祖產傳下去，我們希望區段徵收制度能被廢除。」

航空城居民的生活更面臨掮客騷擾、精神緊繃。蔡美齡就說自己因為航空城的區段徵收案，長期處於精神耗弱，更在記者會現場崩潰流淚。

竹東二三重埔徵收案抗爭長達四十一年，新竹縣政府不斷以工業用地為由徵收農地，卻又將舊的工業用地變更為住商辦賣給科技園區。

竹東二三重埔自救會前會長劉慶昌表示，新竹縣政府宣稱台商設廠需要工業儲備用地，故需徵收竹東二三重埔，但早在民國八十六年時科技部（時為行政院國家科學委員會）已發公文表示放棄徵收，縣政府卻仍堅稱需要儲備工業用地，「等於把我們的良田當儲備工業用地！」

政大地政系教授徐世榮、政大地政系助理教授戴秀雄、台大城鄉所副教授康旻杰也批評區段徵收違憲，譴責中央及地方政府對人民造成的迫害。

徐世榮更在記者會中表示：「民進黨在野時口口聲聲說區段徵收是惡法，執政後卻熱情擁抱區段徵收，比國民黨執政時更野蠻，這樣的政府應該下台！」

浩劫二：綠能政策

台灣能源九十八％仰賴進口，蔡政府上台後，提出二〇二五年（民國一一四年）再生能源發電量占比達二〇％的願景，行政院於民國一〇五年通過「綠能科技產業創新推動方案」強化太陽光電在地產業，目標是至一一四年共設置二十GW（億瓦）。

農地種電千瘡百孔

太陽光電中，屋頂型六GW，地面型十四GW，預估最少需要一萬四千公頃的土地，導致農林漁牧用地皆承受極大壓力，一片片光電板進駐農田取代農作物，濕地、埤塘、造林地、鹽灘地，引起極大的爭議。

截至二〇一九年四月，台電與民營發電容量合計僅占四GW，離二十GW仍有八〇％的落差，造成各相關單位的焦慮，讓光電板放錯位置，種電的政策目標也顛倒，該拉高的屋頂型光電目標設得低，該放緩的地面型光電卻疾速前進，「農地種電」成為近年農村裡的熱門投資。

農地主管機關農委會為了在民國一一四年綠能達標，一路配合經濟部的種電需求，開綠燈讓綠能業者到處搶地，山坡地、沿海魚塭到處是光電板，不僅優良農地變更、砍森林和果樹種電，連知名的生態濕地也要種電，「光電之亂」蔓延全台，土地被破碎化切割，更是農地的另一浩劫。

瘋狂種電，高額的賣電收入被能源業者賺走，地主雖賺到租金和部分賣電收入，卻排擠了有心務農的真農民。養殖漁業區也同樣受害，地價年年高漲，原本的農漁民再也租不起，反而失業被「驅離」養殖區，有如「乞丐趕廟公」，獲利則全由地主與開發商享受。

根據農委會二〇一九年七月公布的數據顯示，全國已變更種電的農地面積三〇二公頃，六六〇平方公尺以下（俗稱660m2，指不用土地變更，申請容許使用即可）的農地光電面積三〇五公頃，而審核中的案件，面積高達二一〇〇六公頃。即使後來農委會修法加嚴把關，也難以溯及既往。

國營事業砍樹種電，不應稱為綠能

台灣是貿易大國，卻也是耗能、碳排放大國，一九九七年的京都議定書為台灣帶來的衝擊相當大，行政院當時要求經濟部、環保署及農委會推動造林節能減碳運動，以降低台灣碳排放。南台灣一八五號縣道是全台灣最大的人造林，始於民國八十六年，台糖在全台用地一萬零八一五公頃種樹，約四百多個大安森林公園。

農委會林務局當時陸續推動「全民造林」、「平地景觀造林」、「綠色造林」計畫，環保署也推動「環保林園大道」計畫，台糖公司則利用離蔗土地配合造林。

台糖公司出版的《台糖通訊》指出，台糖造林撫育面積累計為一萬五千公頃，包括全民造林、環保林園、自費造林及平地造林，依據聯合國政府間氣候變遷專家小組（IPCC）建議的計算方式，每公頃林地平均每年二氧化碳吸存量約為十四．九公噸，總計台糖每年造林的二氧化碳吸存量達十八萬三五八二公噸。

造林樹種以經濟林木為主，包含印度紫檀、無患子、桃花心木、白千層、樟樹、桉樹、烏心石、相思樹、南洋杉、台灣櫸、小葉欖仁、福木等。

民國九十一年是台灣平地造林的新高峰，因為台灣加入WTO，對外開放市場，糖業自由化，在進口蔗糖遠比台灣自種甘蔗煉糖便宜的情況下，台糖必須為停種甘蔗的農地尋找出路。

為了減緩加入WTO對台灣農業的衝擊，農委會當時提出休耕補助政策，於是台糖拿了補貼，在休耕的蔗田造林，分二十年領取。農委會總共補貼台糖約五十二億元，加上民間響應的造林總合約一百億元，人造林對於屏東、花蓮、台南等縣市帶來了改變。

但當年的平林造林，如今卻面臨砍伐的命運。民國一〇八年十月，台積電3奈米新廠耗電量大，加上蘋果等國際大公司對綠電要求愈來愈高，傳出台積電未雨綢繆計劃投下六億元，在屏東興建台灣規模最大的太陽能電場，地點選在台糖「林後四林平地森林園區」周遭，砍樹種電的危機再度浮現。

台糖公司的人造森林有著環保和生態的歷史背景，現在砍樹種電完全是本末倒置。而且為配合行政院能源政策，台糖自民國一〇八年底已規劃在屏東推出多個光電專區，其中萬巒鄉的六百五十公頃農地上，扣除二百公頃租給農民種植鳳梨外，台糖公司又預計由原造林地中選出二百公頃林相較差土地，推出數個營農型光電專區。

森林具備環境價值，平地造林不是為了砍伐。台糖種樹是為了減碳，反轉地球暖化，達到生態環境永續的境界，但如今卻本末倒置，要為種電而砍樹。這一做法更引來各界強烈抨擊，連央行前總裁彭淮南都打電話詢問農委會主委陳吉仲：「你不是很注重環保嗎？百萬棵樹砍得下去？」

農委會於二〇一九年三月底退回台糖的嘉義、屏東平地造林申請案，並承諾兩個月內以空拍或實地探查，全面盤點一萬三千公頃的平地造林。

另針對不斷爆發的小面積光電、林地光電爭議，農委會也在同年七月七日回應，以修正《農業主管機關同意農業用地變更使用審查作業要點》止血，避免農地流失與破碎化。結果又引發光電業者反彈，稱為「七七光電事變」。

個人以為，台糖當年的平地造林是為爭取工業發展的排碳權而種植林木，砍台糖林地、改設置光電板的發電量絕不能稱為是綠能，農委會的退回申請是正確的措施。

政府若要執行農地種電，經濟部、農委會應優先拆除農地違規工廠、農舍，規定原地種電，一以減少碳排放及污染，二來增加太陽能發電面積，更可同步解決違規使用農地。

屏東砍果樹種電，青農無地可種

另一個砍樹種電的浩劫在屏東農地，幾乎造成蓮霧王國的崩落。

民國九十八年莫拉克風災，沖垮屏東「黑珍珠」蓮霧之鄉和養殖王國的美名，屏東縣政府和再生能源業者大力推動「嚴重地層下陷地區」的農地種電計畫，包括沿海的東港、林邊、佳冬、枋寮四鄉鎮，一般農地全部都可變更地目來做太陽能光電（特定農業區除外）。

隔年，縣政府進一步在林邊、佳冬等地層下陷區積極媒合光電業者，選擇需要休養生息的蓮霧園、魚塭架設太陽能板，為了讓效益最大化，縣府跳出來當媒人，蒐集地籍資料、比對台電饋線，最後選出六個地段，甚至幫地主找消保官看契約，化解外界對於綠能業者是「詐騙集團」的疑慮。

農委會也於一〇二年十月修訂〈申請農業用地作農業設施容許使用審查辦法〉，放寬農業設施附屬綠能設施後，許多屏東地主都躍躍欲試。外地來的能源業者展開圈地大戰，甚至公開宣告要做「農地都更」，還有業者呼籲：「農地農用的神主牌要拿掉！」

於是，太陽能板取代了果樹和魚塭，而經年累月的種電之後，農民又剩下什麼？

為了解砍樹種電的實際情況，二〇一九年十月，在當地青年楊宗嗣的帶領下，我親自到佳冬鄉羌園村與大同村交界處參觀李長榮養水種電園區。

楊宗嗣指出，當地原本是鬱鬱蔥蔥的蓮霧園、檳榔園、香蕉園，水災過後，海水倒灌嚴重積水無法耕作，但綠能電商用非常吸引人的條件遊說農民，依發電量六%做為租金，以每單位二．五分地計算，地主只要出租土地，協助維護光電板，每月就能進帳二萬五千元，等於當時農民一整年的地租收益。

因此，在地主的同意下，果園被剷平後，一片片的太陽能板被「種」了起來。

當初屏東縣政府原本是想讓水災過後的土地有再被利用的機會，可以把發電供給附近養殖魚塭使用，緩解全國用電吃緊的窘境，對地層下陷地區的土地立意甚佳。

但種電政策發展幾年下來已經被扭曲，現在看起來，許多明明可生產高品質蓮霧的未下陷地區的良田，卻被用來種電，以致蓮霧面積大幅縮減，有心從農的青農想要租地耕種，可租的果園卻愈來愈少。

氣候變遷，屏東蓮霧種植面積少一半

種雹對屏東蓮霧產業的衝擊，近年更日益嚴重。

近年因氣候異常，日夜溫差大，收穫期縮短，全台蓮霧種植面積銳減。根據農政單位統計，最高峰時，全台種植蓮霧面積八千多公頃，屏東縣占了八成五，十年前全台還有五千八百多公頃。莫拉克颱風後，全台種植只剩三千八百公頃左右，屏東縮減至二千八百公頃，還不到全盛時期一半。

佳冬農會林總幹事告訴我，黑金剛蓮霧曾在台北果菜市場創下一公斤三千七百元天價，成為過年最高檔的送禮水果，有企業董事長為了搶購送人，直接到農場等貨。

但這美好的年代已經過去了！因為蓮霧技術門檻高、產銷過程幾乎全要依賴人力，天候更是關鍵因素，近幾年氣候驟變，霸王級寒流帶來低溫，裂果率由過去的二十%提高到五十%上下，農會雖透過「透紅佳人」的品牌行銷特級品，價格比過去高很多，但因裂果率高，賣價不高，農民種植蓮霧的單位總收入反而減少，造成很多果農因虧本而退場。

例如枋寮地區，原來種植蓮霧面積約一千三百公頃，芒果約三百公頃，現在因氣候變遷，加上人口老化，芒果面積反而增加為一千三百公頃，蓮霧只剩三百公頃左右。

為因應裂果率提高的趨勢，佳冬農會與高雄餐飲大學合作，開發蓮霧的加工品，如果醬、果乾、濃縮果汁，以及蓮霧冰棒等，提高蓮霧的附加價值，設置蓮霧觀光工廠，往六級產業發展，回饋農民。

而為因應氣候變化，也有農民著手開發新品種，高雄區農業改良場也在改良蓮霧品種，希望能減少裂果，減少低溫造成的損失，同時調節蓮霧採收季節。

但遠水救不了近火，由於政府的綠能政策鼓勵，加上縣政府從旁協助，佳冬地區已經有不少蓮霧農在電能商的游說下，紛紛砍樹種電，在成片的蓮霧專業區中樹起了太陽能板。

果園裡的水泥柱怵目驚心

在楊宗嗣帶領下，實際到佳冬四塊厝、新埔地區走了一趟，許多蓮霧園裡的果樹，不是正在砍，就是已被砍倒，園中埋了水泥柱，未完工的、已完工的，比比皆是，怵目驚心！

佳冬地區的農地多採「變更」程序，也就是說，一旦種電，地目將不再是農牧用地，而是「特定目的事業用地」。變更後就須繳交地價稅，但因農委會後來農地種電政策緊縮，許多種電工程暫時停止，但農民仍須繳交地價稅而向農會訴苦，後悔莫及！

上下游新聞報導，屏東縣政府和再生能源業者大力推動「嚴重地層下陷地區」的農地種電計畫，這些地區主要是沿海的東港、林邊、佳冬、枋寮四鄉鎮，凡是一般農地全部都可以變更地目鋪設太陽能板（特定農業區除外）。

但佳冬鄉玉光村村長曾清香指出，「我們這邊是種蓮霧的良田，沒有地層下陷，地層下陷是在沿海……」種電區是蓮霧良田，並無地層下陷，這四鄉鎮的所有農地，真的都是不利耕作的「嚴重地層下陷地區」嗎？

她的果園在佳冬內陸，周遭全部都是蓮霧專業種植區。「這邊的地種蓮霧是最好的，你知道嗎？種電實在可惜。因為土壤是黏土，比較省肥，能夠儲藏養分。」

但遺憾的是，蓮霧的種植面積因氣候變遷、人口老化、管理門檻高，以及綠能用地高租金的競爭下，已大幅減少。[2]

若要論土地利用的收益比較，假如要拿種植蓮霧的收入與種電的租金對抗，幾乎是雞蛋碰石頭，但這是錯誤的觀念，農政單位應立即公佈切斷農工爭地的法規，回歸農地農用原則，蓮霧產業才不至於被消滅。

守護土地——三和村原住民捍衛家園

屏東瑪家鄉三和村，近年也發生砍芒果樹種電的問題。二〇一九年十月底的一天下午，我從高速公路內埔交流道下，往瑪家鄉方向前進，就在麟洛與內埔的交界上，穿過了一條綠意盎然的「綠色隧道」！

這不正是當年農委會在行政院指示下推動的造林地點嗎？經過二十年的時光，當年的樹苗成已成樹海，穿越綠色隧道的感覺真好。

但抵達瑪家鄉後，看到的卻是砍芒果樹種電的畫面。當地部落大學的楊江瑛老師帶我們去了解北、中（排灣族）、南（魯凱族）三個村的芒果專業區，舉目所見非常震撼，翠綠的芒果農園中，竟有多處芒果樹被砍除做 660m2 光電場域。

由於 660m2 光電蓋得比較低矮，需防止雜草生長遮蔽太陽能板，而電商為了省成本，便在光電板下鋪設草蓆，土壤結構受到影響，變成一片沒有生氣的砂石地。

楊老師指著太陽能場域旁的饋線說，部落居民非常擔心這些綠能電商化整為零，避開環境評估，而讓居民的「飛地」又被廠商吞食而不自知，屆時將會無地可耕了。

因為原鄉部落的土地已被林務局列為「禁伐造林地」，居民們都與台東知本光電發展區的居民保持很好的聯絡與交流，以便及早因應光電廠商破壞他們的家園。

楊老師補充說，三和村位在屏東內埔、鹽埔、長治三鄉交界，是在民國四十二年配合政府高山部落遷居政策，由瑪家、三地門、霧台三鄉高山部落遷居而成的行政村，舊地名為「隘寮墾區移住地」。新行政村經過各部落議定名為「三和村」，有和平共處的意思。

然而，土地被破壞，始終是三和村民心中揮不去的陰影，四年前曾有不肖業者以興建養老院為名，在社區內的住民保留地大舉填埋工業廢棄物－脫硫渣，脫硫渣來自一貫煉鋼廠，國內唯一來源指向中鋼。

當時業者填埋脫硫渣，汙染土地，還以種族歧視的姿態拒絕居民的要求，引發居民群情激憤而集體到鄉公所抗議。

示威行動前，長老的祈禱詞說：

「我們一起用虔誠的禱告，慈恩的天父，榮耀的父神，祢創造了這一塊土地，祢也創造了我們人，就是要讓我們把這塊土地管理好。這是我們基本的使命，所以主，我們要保護這塊土地能夠永久，是我們美好的土地，我們美好的家園。主啊！我們要懇求祢賜下祢的慈愛、祢的憐憫，請祢來掌控這個土地……」

聽著聽著，我心中無限感慨！

當天一早，我參加在山地門地磨兒小學「愛的書庫」揭牌活動，還曾讚嘆大武山麓下風景好美，是最移居的地方，原住民的小朋友好可愛。

但，平地人，應該說貪婪的人，卻是如此的糟蹋原住民離開《原鄉》到《飛地》辛苦開墾而來的美麗土地！

浩劫三：違規工廠

台灣未登記工廠問題存在已久。依據行政院主計總處民國一〇〇年工商及服務業普查統計，營運中製造業家數約為十五．七萬家。依經濟部工業局民國一〇四年底未登記工廠合法經營政策報告指出，全台約有三．九萬家未登記工廠。

汙染農地卻可就地合法

違法工廠數十年來始終是農地的另一個傷口。政府取締不力，蔡政府在民國一〇五上任承諾終結農地違章工廠亂象，但其作為卻是為工業犧牲農業，讓農地違規工廠就地合法。

立法院在一〇八年六月三讀通過《工廠管理輔導法》修正案，確定以蔡政府上台日（一

○五年五月二十日）為界，五二○之前既存的低污染違章工廠以「特定工廠登記」程序，可在二十年期限內（即落日條款）申請就地合法化，一○五年五月二十日後的新增農地違章工廠「即報即拆」。

違建工廠就地合法，更助長歪風且與拉高農地價格。而且大幅放寬違章工廠合法的門檻後，工業爭農地更兇，工廠之間也互相爭奪，成了又一枚國土破碎化的隱形炸彈。

已開發的工業區土地，早已成為被炒作標的，工業區土地根本不為生產使用，很多傳統產業大廠高喊找不到工業區土地，實際上買進工業區土地也不事生產，反而待價而沽，淪為炒作標的物，農地工廠的問題歸根究底，不脫工業區土地惡性炒作的亂象。

名新業建設總裁穆椿松目睹台中工業區土地的價格飆漲，造成業者很大壓力。他曾向媒體分析說，由於工廠用地需求增加、各業物流進駐，加上台商資金回流，各方爭奪工業用地，靠近台中市的工業土地價格節節漲，民國九十二年SARS過後每坪只有八萬，九十七年漲至十二萬，一○二年十五萬元，一○八年更漲至三十萬元的天價。[3]

工業區買不起，許多業者便將目標轉向農地，助長違規農地工的猖獗。在南部，部分地區的工業用地一坪要三四萬元，但農地一坪才三四千元，合法工廠如果購買上千坪工業土地，和農地違章工廠的土地成本差了十倍，每年還要繳交至少數萬元工業用地的房屋稅、地價稅。

新建違章工廠暴增，一年半卻只拆一家

根據經濟部中部辦公室統計，截至一〇九年六月，新增的農地違章建築達四六六家；換言之，由於「即報即拆」形同具文，農地工廠反而越蓋越多。在一〇八年六月修法過後，業者看準政府沒有執法決心，反而大舉搶建，期待日後政府再次讓步，容忍違規事實存在。

民國一〇五年當時的農委會副主委陳吉仲在受訪時宣示，要對當年五二〇後的農地新建違規工廠「拆到沒有人敢再建」，但後來他升任主委，於一〇九年十月二十六日在立法院接受答詢時表示，五二〇之後新增的農地違章工廠，地方政府查報有三百多家，但勒令停工只有四十九家，斷水斷電十四家，只有一家被拆除。

環保團體批評行政院未履行當年「可由中央代行拆除」、「即報即拆」的承諾。農政單位卻稱《工輔法》中沒有「即報即拆」這樣的文字，而一〇五年五月二十日公告後，地方

政府若不依法拆除農地違章工廠，中央主管機關經濟部可以斷水斷電，但拆除責任仍屬於地方政府。

對照今昔說法，差距甚大，正顯示農地違章工廠難題，政府坐視，束手無策，最終必須放在國土計畫法議題上一併解決。

地球公民基金會在工輔法修正案通過後的半年內，也陸續發公文檢舉一百五十件農地違章工廠，但僅有台中市拆除一間工廠，另有六處被地政單位裁處罰鍰，未得到任何斷水斷電之回覆。4

取締違規非不能也實不為也

農地上的違規工廠已是陳年積弊，政府該做的，是要努力搶救回這些農地，而非放任工廠犧牲農地。只要政府肯做，農地一定可以搶救得回來，但如今執政者的作為，正應驗古人說的：「非不能也，實不為也」。

記得二十多年前，在農委會主委任內，有一次李總統約見我進總統府，討論口蹄疫期間，台灣稻草無法外銷日本做榻榻米，及加工肉品外銷日本的案子。

談話間，李總統突然問我，農委會怎麼知道桃園某家高球場在挖山坡地要做揮桿練習場，而且該球場已被桃園縣政府取締了！

我回答說，林務局會定期會拍航照圖，與GPS結合，看看山坡地與農地有無重大違規案，如果發現有新的違規案，一定會馬上行文通知縣政府取締。

李總統一聽便笑著說：「那麼厲害！」後來，該球場的違規開挖山坡地案也隨之回填，停止開發。

對照今昔，早在上一個世紀，農委會就能運用GPS和航空照相遏止違法開發，但為什現在的政府做不到呢？

二十年前彰化鎘污染，搶救農地大作戰

民國八十八年前後，農委會曾處理過工廠污染農地的案例，更面臨過外界要求農地變更工業區的壓力。當時彰化地區因高汙染工廠林立，部分農田受到重金屬汙染，彰化縣曾陷

入「鎘米事件」的泥淖當中。

鎘是相當穩定的重金屬，經由事業廢水排放融入土壤後，不容易被分解，卻容易被水稻、蔬菜與花木等植物吸收，遭到鎘污染的農作物，透過食物鏈進入人體後，會蓄積在肝臟與腎臟當中。

管制工廠的事業廢水、廢氣排放以及事業廢棄物，是一場必須長期抗戰與整頓的「毒瘤型」問題，其中更以事業廢污水造成的危害最深遠，但因為深怕產業外移，早年從中央到地方的主管機關幾乎都抱著鴕鳥心態，不願積極面對農地的高度污染問題。

當時環保署調查發現，全台已有三一九頃農地遭到重金屬污染，彰化縣就占了二百多公頃，集中在東西二圳灌溉流域沿線的彰化市與和美鎮。彰化縣籍的洪姓及游姓立法委員，先後帶領受害農戶和工廠業者到農委會陳情，要求能將汙染的農田變更為工業用地。

那時，在農委會主委的會客室中，面對農民無助的臉孔，還有工商業者的壓力，我心中很明白：讓農地變更成工業用地，也許是最快的解套方法，但絕非正確且長遠之計，而且受汙染的農地如果輕易變更為工業用地，無異於鼓勵違規工廠排放汙水，因此農委會並未同意變更。

但農委會沒有棄農民於不顧。相反地，相關同仁研商後，農委會先請彰化縣政府公告這些農地為控制污染場址，所生產稻米全數補助收購後進行銷毀，並強制農民配合休耕或限制不能栽種食用性作物。

同時輔導農民辦理平地造林，向林務局爭取專案補助經費，並回應農民需求，縮短移植與砍伐的年限。

另一方面也輔導農民種植非食用性作物，包括苗木、花卉等景觀作物，以及大豆、白油桐等生質能源作物，讓被鎘污染的農地休養生息，杜絕鎘污染事件，維持農地農用的政策。

浩劫四：《國土計畫法》恐造成另類大浩劫

《國土計畫法》是國土的憲法，民國九十八年莫拉克風災重創台灣，小林村大規模崩塌的悲劇，讓台灣社會再無法迴避氣候變遷日益嚴峻的挑戰，無法再漠視因國土規劃的空缺、國土基礎資訊匱乏之所造成的國土保安漏洞與沉重代價，終於催生《國土計畫法》。

《國土計畫法》草案歷經四進四出立法院，一〇四年十二月十八日終於在立法院三讀通過。六年後《國土計畫法》將取代六十三年公告施行的《區域計畫法》，而且國土計畫法中，有著一定程度的國土配置，未來農業發展因此有了大方針。

《國土計畫法》保障農地使用管制

根據農委會估算，在完全無法進口糧食的條件下，要維持國民每人每日基本熱量及營養結構，全國必須保留農地面積七十四萬至八十一萬公頃，此一數據成為我國農地規劃的重要依據，無論區域計畫或國土計畫，都明確將此列作農地應維護總量的最低標準。

而根據最近內政部統計顯示，非都市土地特定農業區及一般農業區中，用於農業使用的只有四十四．六萬公頃，另納二十九．六萬公頃入山坡地保育區，總計七十四．二萬公頃，才能勉強符合糧食自給所需農地面積下限標準。

因此，如何加強國土計畫對農地資源的總量及優良農地的維持，以因應氣候變遷、糧食安全、經貿高度自由化及非農業部門對農業用地變更使用需求的挑戰，屬於國安問題，必須嚴肅以待。

農地分級分區管理，地方政府是關鍵

依據「國土計畫法」，全國農業用地總計約二七六萬二三〇公頃，將依據重要性確定分級分區管理機制。未來農業發展地區下分有三類：優良農地、一般農地、可釋出農地。

換言之，農業發展之空間需求，將配合農業政策規劃，將農業生產之區位與管理相互結合，並在土地適宜性分析下，以農業生產為方向，並配合經濟發展需要，將農地資源予以分區，作不同等級之管理：

一、優良農地：主要農業生產區域，應強化農業資源之管理，而不輕易變更使用。

二、一般農地：一般農業生產地區，配合經濟發展需要，得依據成長管理策略，以開發許可方式有計畫之管制。

三、可釋出農地：未來農業發展區可預留投資需求土地，預先規劃在城鄉發展地區，每五年視情況可調整或檢討各區土地利用情況，國土功能分區再分類後，可減少投資者投資區位不確定性，有助提高投資意願。

依據《國土計畫法》，中央只能規定每一縣市必須劃定農地最低總量，而劃設分區的任務落在直轄市、縣（市）的國土計畫（簡稱縣市國土計畫）上。

根據一〇七年七月內政部公布的《全國國土計畫書》，台灣農業用地主要集中於桃園台地、大甲扇狀平原、彰化濁水溪沖積平原、嘉南平原、屏東平原、花東縱谷平原、蘭陽平原及西部丘陵地區等，參照農地生產資源條件劃分為五種不同分類。

一、優良農地：是屬於具優良農業生產環境，能維持糧食安全，或曾投資建設重大農業改良設施之地區，劃設為農業發展地區第一類。

二、良好農地：是屬於具良好農業生產環境與糧食生產功能，為促進農業發展多元化之地區，劃設為農業發展地區第二類。

三、坡地農地：屬於具有糧食生產功能且位於山坡地之農業生產土地，以及可供經濟營林，生產森林主、副產物及其設施之林產業用地，劃設為農業發展地區第三類。

四、農村鄉村農地：鄉村地區內之農村聚落與農業生產、生活、生態之關係密不可分，劃設為農業發展地區第四類。

五、都市農地：農業生產環境維護良好，且未有都市發展需求者之都市計畫農業區，劃設為農業發展地區第五類。

因此未來地方政府如何具體劃設、配置城鄉發展區和農業發展區是重要關鍵，這是國土法的主戰場及必須密切關切處。

《國土計畫法》通過後，其實質控管能力恐仍受限歷史脈絡跟既有的行政組織。在這種脈絡下，過去《區域計畫法》雖明定可以控管都市計畫土地，但實質上，並未真正嘗試去指導都市計畫。雖《國土計畫法》已補強這個問題，但成效仍需觀察，畢竟農地管制與管理的問題來自行政執行不力，而非法律條文。

《國土計畫法》讓農地資源調整較嚴謹

台灣許多問題都不在法律而在執行，如能確實執行，成效將很驚人。以整頓農地非法工廠為例，現有法律就足以處理，但縣市官員與地方代表擔心得罪人，不敢去做，這是人為問題。

《國土計畫法》雖可提供國土永續發展基金，可供地方政府強迫將非法工廠遷出農業區，但地方是否執行仍待觀察。當然《國土計畫法》規定，不同分區間的變更只能透過變更國土計畫，即五年一次的「通盤檢討」，或特定原因導致的「臨時變更中辦理」，不能化整為零的變更。

以都市為例，人口密集的都市屬「城鄉發展地區」第一類，當第一類土地不夠用時，只能動用同區的第二類，甚至第三類，但並不允許去挪用其他分區。

如果想將其他分區的土地，如將農地、保育區變更為都市發展，也必須在通盤檢討中提出調整分區需求。縱使最後決定要調整分區配置，也需先從「農業發展地區」的第三類移出，分區第一類基本上必須保留。

《國土計畫法》下的土地分區穩定性會比現行法高。由於都市土地昂貴，近年政府在新訂工業園區或都市計畫時，多會動用便宜的農地，導致農地大量消耗，並承受極大開發壓力。

以桃園航空城為例，航空城四周雖有不少農業區，但劃設時若被劃入「城鄉發展地區」，未來開發阻力就很小。當然即便是劃為「農業發展地區」，國土計畫通盤檢討時仍可能變更為「城鄉地區」，但程序會更耗時、複雜。有了《國土計畫法》後，不會讓「農業發展地區」隨時被個案變更為高強度開發利用區。

《國土計畫法》更增加公民參與的機制，未來審議過程都要辦理公聽會、公開展覽，藉由民眾參與監督，未來《國土計畫法》對於土地使用管制的控管或指導，將可明顯的提升，令人期待。

值得注意的是，即便國土計畫法通過，實務上距相關子法與全國國土計畫、縣（市）國土計畫全面公告實施、完成國土功能分區圖，仍需約六年的期程，屆時區域計畫法才會自動落日。

鑒於過去《區域計畫法》所定的「開發許可」進行分區變更時，無須檢討整體區域計畫，可直接個案核准開發案的土地分區與編定。《國土計畫法》中，改採「使用許可」，其差異在於分區不能被個案變更，只要不符合分區規定，就無法通過申請。

因此，《國土計畫法》下的土地分區穩定性會比現行法高，而第一次發布實施縣市國土計畫時的各分區的初始配置，將會非常重要。

《國土計畫法》通過後挑戰才開始

到底國土法與區域計畫法有何差異呢？國土計畫法大幅簡化國土功能分區，從分區、分類再分級，簡化為分區、分類，不再分級。未來國土將分為「國土保育地區」、「海洋資源地區」、「農業發展地區」及「城鄉發展地區」四大地區，然後每一地區之下又再依使用用途分第一、二類及其他必要分類，因此各有三類以上的分法。

未來國土使用都應按各分區劃設及使用原則辦理，農業發展地區之第一類是以供農業生產及其相關設施使用為原則；城鄉發展地區之第一類則供較高強度之居住、產業或其他城鄉發展活動使用。未來不得再以開發為由，變更國土功能分區及其分類，以維持國土計畫穩定性。

國土計畫法明定從中央到直轄市、縣市都要再設審查委員會，且新法規定中央與縣市的委員會委員除學者、專家、機關代表，還要有民間團體，若想徵用農地做開發使用，將須完成「縣市國土計畫」及「全國國土計畫」修改與審查，從原本歸屬分區中排除才能動用，可防堵浮濫徵收農地。

就實務面言，主宰全國國土永續利用的「全國國土計畫」草案的成形，以及之後將指認現實中每筆土地所屬功能分區，是由各地方政府負責的實質空間規劃。

換言之，在「直轄市、縣（市）國土計畫」與「國土功能分區圖」輪廓出來之前，要判斷國土計畫能否肩負永續國土的重責大任，尚言之過早。

國土計畫真正的挑戰，其實是國土計畫法通過後才要開始。

縣市國土計畫草案問題多，恐造成農地大浩劫

根據國土計畫法的宗旨，為了農地永續，直轄市、縣市在擘劃國土計畫時，應將具優良農業生產環境，能維持糧食安全，或曾投資建設重大農業改良設施之地區，劃設為農業發展地區第一類（簡稱農一）、其次具良好農業生產環境與糧食生產功能，為促進農業發展多元化之地區，劃設為第二類（簡稱農二）。但農一及農二限制多，且不易轉成開發用地，部分農民不想被劃入農地。

主要是過去政府提出的所謂從農「好處」，都是口惠而實不至，務農的好處遠比不上開發的好處。特別是農業不景氣、受氣候變遷等因素，農業收入遠不如非農業使用的收益，特別是最近的農業種電高租金的誘因，更影響農一與農二類農地的劃設。

農業發展區中，具有糧食生產功能且位於山坡地之農業生產土地，劃設為第三類（簡稱農三）；鄉村地區內之農村聚落與農業生產、生活、生態之關係密不可分，劃設為第四類

（簡稱農四）；都市農地據農業生產環境維護良好，且未有都市發展需求者之都市計畫農業區，劃設為第五類（簡稱農五）。

根據環保團體「環境資訊中心」與內政部營建署公布的會議紀錄顯示，以農業大縣屏東提出的縣市國土計畫為例，全縣應劃設九萬六千多公頃農地，但最重要的農一地區，縣府交付營建署審查的草案中只有劃設四四三八公頃，比營建署模擬的四萬一千餘公頃，少了近九成，與屏東縣過去統計的二萬三千公頃優良農地也相去甚遠。

另外，國土計畫法施行細則中，要求各縣市編列保留維護「宜農地」面積，各縣市報編面積大小不一，屏東縣的保留宜農地面積報編面積卻是「零公頃」。

國土計畫法並訂定有「都市計畫農業區」，指的是農業生產環境維護良好且未有都市發展需求，劃為農業發展地區第五類（農五），而屏東縣的草案中，農五也是掛零。

在民國一〇九年八月的審查會議上，審查委員劉曜華提出質疑說，嘉南平原以南各縣市，農地發展區的劃設都以農一為主，前日審查的台南市劃了五、六萬公頃的農一，「屏東縣的劃設方式是有什麼特殊考量？」。[5]

農委會也指出，「查屏東縣國土計畫（草案）劃設之農業發展地區第一類數量僅約為四四三八公頃，與本會委託模擬劃設成果為四萬五千餘公頃，兩者差距約超過四萬公頃……」。「屏東的宜維護農地面積，應依全國國土計畫規定，採通案性原則方式於計畫內載明。」6

屏東縣政府代表、地政處長李吉弘坦言，農一僅僅劃設四四三八餘公頃，多為台糖土地，其他則大多列為農二，有六萬二〇七七餘公頃，主要因為草案規劃過程中，縣府接受到許多民意陳情，民眾擔憂私人土地劃設為農一後，會有使用限制。他更說，縣府受到很大的民意壓力才會退讓，並非棄守農業。

同一時期，台中市政府提報的縣市國土計畫中，宜維護農地僅三．九二萬公頃，比目前的農業使用土地四．八萬公頃，少了近九千公頃，也在審查會上引發農委會質疑，認為「不能僅依籠統的原則，就輕易將整塊都市計畫農業區改為城鄉發展區。」7

因此，為配合新的國土規劃與管制體系，未來農地管理欲在國土規劃與管理中，發揮農業部門之角色，農業主管機關應以主動之精神，盡速確定農業發展區的總量與區位，積極經營農業發展地區，計畫指導管制，使規劃與管理相結合，使農業用地在空間上有秩序發展，以防止另類農地的大浩劫，是刻不容緩的工程。

附註

1 地球公民基金會，「從區域計畫到國土計畫——光影互見的國土治理體制變革」一〇五年四月，https://www.cet-taiwan.org/node/2368

2 上下游新聞，一〇九年七月二十三日 https://www.newsmarket.com.tw/solar-invasion/ch02/

3 穆椿松，返鄉新代價：買不起的地、租不起的房專題，工商時報，一〇八年四月三日。

4 地球公民基金會，https://www.cet-taiwan.org/info/news/3828

5 環境資訊中心，https://e-info.org.tw/node/223804

6 內政部國土計畫審議會，第十二次會議紀錄，民國一〇九年八月。

7 環境資訊中心，https://e-info.org.tw/node/223909

第三篇

防止另類農地大浩劫的配套

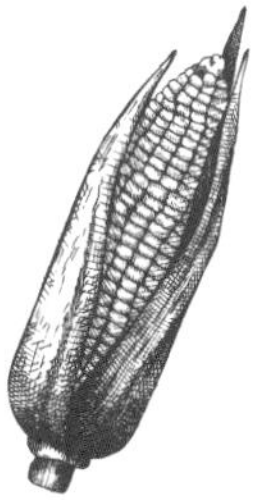

台灣支離破碎的農地

二十年前修訂農發條例時，我很堅持要等《國土計畫法》通過後再來審查農發條例的修正案。因為國土計畫法是國土的憲法，任何一個國家對自己國家的資源，都會依據各種特殊的情況，做出系統性或指導性的規劃，希望合理利用有限的資源。當時在野的民進黨，非常支持農發條例作兩階段的修正，也反對在大選前倉促討論而欠周詳，特別是戴振耀立法委員。

每次到先進國家看到他們如此嚴格的保護農地，而台灣卻如此恣意的破壞農地，十分沉痛。當我出國回台灣從飛機的窗口往下看，或坐火車望向窗外，看見台灣支離破碎的農地，就有一種「國在山河破」的感慨。

如何切斷農地非農業的需求，把農地上的房子、違規工廠、太陽能板等違規使用亂象趕出農地，讓優良農地得以保存，恢復農地農用的狀態，是我一生中農業良心的懸念。

很高興《國土計畫法》草案歷經了四進四出立法院，終於在一〇四年十二月十八日在立法院三讀通過。更高興看到《國土計畫法》、施行細則以及內政部的全國國土計畫後，其立法的精神及措施，與二十多年前處理農發條例的方向與措施一致，相信對於未來需要的農業發展區的面積與區位入法後，將有一定程度的國土配置，這對於台灣國土功能分區與產業發展用地與國土保育，都是一件喜事。

如果當年新購農地不得興建農宅

二十多年前，在政院版的農發條例修正案中，農委會提出的農業用地分區管理措施，是在區域計劃及都市計劃土地使用管制架構體系下，把全國農地，依照農業生產及國土保安的重要性，採取不同管理方式及獎勵措施，用以確保基本糧食安全存量及國土保安、生態保育所需用地的完整，就是今日國土計畫法的影子法案。

而在現今的國土計畫中，有關農業發展地區第四類農地，規定以集村方興建農宅，讓生產區與住宅區分離之基本精神，與鄉村發展區的理念相吻合。

假如當年農發條例沒有刪除「新購農地不得興建農宅」的法律規定，農地上的地癌不會產生，而是像先進國家一樣，新進農民的住宅區在都市或城鎮邊緣興建，讓農業生產區與農民住宅區分離，呈現祥和富麗的鄉村。

如果新購農地不得興建農宅，非農民為了蓋別墅而購買農地的需求將減少，農地價格會維持在合理價位，讓實際想買地務農的青農買得起、租得到農地，或斜槓農民能把技術與資金帶入農業，吸收新知識，種植高價值農畜產業，促進農業結構依照市場需要而調整，維持農畜產品產銷平衡。

如果新購農地不得興建農宅，不會有那麼多的假農民進入農村，休耕補助、老農津貼、農保等福利支出可以大幅減少，政府福利預算可作為科研與結構性的改善經費，促進農業繁榮發展。

如果新購農地不得興建農宅，農業生產專業區可在政府輔導下逐漸形成，耕地不受家庭廢水的汙染，擴大單一產業的規模經濟，利用產銷組織或農企業，不管是內銷，或是外銷，以新興科技，如大數據、人工智慧、物聯網等智慧農業，發展特定產業六級化（1×2×3）

生產，建立效率而共享的農村經濟有機體。

如果新購農地不得興建農宅，農業依上述發展策略，加上農業相關農業的保險制度與補償措施，農業一定是一種賺錢的先進產業，國土計畫農業發展區的設定一定是水到渠成。

很遺憾，台灣農地政策走了二十幾年的歪路，歷經數次的農地掠奪浩劫。民國八十九年農發條例修正案依國民黨版本通過，刪除「新購農地不得新建農舍」的規定，是一部全世界最荒唐、讓一般人合法買農地蓋豪宅，破壞農地的法案，尤其農發條例的子法「農地興建農宅辦法」未嚴格規定起造人與承購人資格，讓地方政府浮濫解釋新建農舍的資格與條件。

國土計畫功能區分編定，恐造成農地世紀浩劫

根據《國土計畫法》，國土規劃須先訂定「全國國土計畫」，再訂出地方層級的「縣市國土計畫」。縣市國土計畫是由縣市政府依據縣市人口、自然環境、產業需求、發展願景等做出的土地規劃，除了縣市需求外，也須符合全國性的規定，如農地、工業地的全國總量等。

「全國國土計畫」考量全國糧食安全，訂下國家應保有的最少農地總量後，會要求地方維持農地基本面積。至於哪塊地應劃為農業發展區，則屬地方政府的權責。「全國國土計畫」本身並不直接管制個別土地。

土地一旦被劃入不同的分區，土地利用的管制就會隨之不同。例如農業發展區上就不能蓋工廠，而國土保育區上的開發也會受到限制。所以，個別土地之利用其實是落實在「縣市國土計畫」跟「都市計畫」中。

在一〇五年全國國土計畫出爐的前夕，中央主管機關、農委會曾提出農地總量七十四至八十一萬公頃分配至各縣市農地分配量，按農委會前一年的全國農地資源分類分級成果，第一種農業用地計四〇・九九萬公頃、第二種農業用地計十三・一四萬公頃、第三種農業用地計七・八二萬公頃、第四種農業用地計二十五・〇三萬公頃。

但最後，各縣市農地分配量卻遭地方政府強烈反對而刪除，幾乎失去了各縣市的農地分配量，在這種情況下，總量已成毫無意義的數字。

在民國一〇七年四月國土計畫（草案）出爐時，內政部營建署加總十八縣市劃設的農業發展地區內的農地（不含農村聚落）總量面積，初步得到七十四萬公頃，若加上國土保育地區的農牧用地後，則近八十二萬公頃農地。

農地總量雖然守住，但民間團體分析這些農地後發現，好的農地流失，差的農地被拿來「湊總數」，包括：久未耕作而變成次森林的「農地」、大量生產力有限的山坡地，甚至有小溪上游的水利地，連山坡的水利地都被算入農地，根本無法耕作。

目前縣市國土計畫進度緩慢，依法須在一〇九年四月三十日前完成審查、公告實施。但因縣市政府趁機規劃浮濫開發，提出之數據相當偏離立法目的，也引發《國土計畫法》擬修法延後時程的爭議。

假如依照地方政府規劃出的農業發展功能分區草案通過，台灣的農業幾乎是被消滅殆盡！

先進國家以優渥補貼，嚴格保護農地

當我們到先進國家，如美國、歐洲、日本等國家的農村，總會感覺非常祥和，農地完整，農宅集中在一起，勾畫出美麗的鄉村景象。中國大陸對農地的保護也非常嚴格，農地絕對不准有任何非農業建築，否則地方領導馬上撤職。這些限制就是為保障人民賴以為生的乾淨高品質糧食，不能掌握在其他國家。換言之，糧食安全是國安問題。

農業土地的利用特性不同於非農業使用，它是成片的，農業土地的價值由生產力決定，而工、商業的使用則是點狀的，重視的是區位，兩者截然不同。農業用地能獲得可計報酬決不可能像蓋房子與工廠那麼高。

換言之，不論先進國家或開發中國家，土地做為農業利用的每單位土地投入報酬，絕對低於非農業使用的報酬，但各國國土計劃的功能分區中，農業發展區的土地都是占最大比例，因為一個國家需要糧食、生態、文化與休憩空間。

若比較各國對農業的補貼，可以發現，越是先進的國家對農業的補貼比例就越高。主要因為農業的生產屬於生物性的產程，時間長、具易腐性，受天候影響而風險高，所以政府有責任以補貼或保險方式，維持農業經營的所得。

一旦農業收入欠佳時，政府絕不會允許農地變更為住宅區或工業用地，蓋農業區不允許個案農地變更地目，農業經營破產者只有把農地出售給其他務農者而離開農業；換言之，這塊農地的農業經營者已更換，但農地還是農地，也就是所謂的「管地不管人」。

例如，美國農業州的農業收入不景氣時，州政府或聯邦政府會透過貿易談判方式加強外銷需求，來提高農業收入的穩定，而不是像台灣的民意代表要求農地變更，甚至最近農電爭地激烈的屏東縣，任由外地來的能源業者爭食大餅，展開圈地大戰。尤其業者甚至公開宣稱要「農地都更」、「拿掉農地農用的神主牌」，完全不理解一個國家保有農業與農地對糧食、生態與文化的重要性。

行政院修正《國土計畫法》，但企圖大開後門

縣市政府的國土計畫問題叢生，中央對國土計畫也採拖字訣，正當全國聚焦防疫之際，民國一〇九年三月二十日行政院通過《國土計畫法》修正草案，擬將縣市國土計畫與功能分區的完成期限從「二年」延長為「一定期限」，並允許「經行政院核定之國家重大建設計畫」不受通盤檢討限制，立刻引起社會譁然。

如前所述，《國土計畫法》於一〇五年一月公告，五月一日施行，是我國國土規劃最上位法。全國土地的重新畫設分三個步驟：全國→縣市→土地分區，個別有二年完成時間，

簡稱「二，二，二」。

換言之，依據《國土計畫法》，施行後二年內（即一〇七年四月三十日）應公告實施全國國土計畫、再二年後（即一〇九年四月三十日）公告實施縣市國土計畫、再二年（一一一年四月三十日）公告國土功能分區圖。三階段的土地重新畫設完畢，《國土計畫法》的土地管制才能真正上路。

但截至一〇九年四月，還有十個縣市國土計畫難產，來不及完成；因此，行政院欲修法延後時程。但這次修法有兩點爭議：

（一）延後時程未明訂年限

外界普遍理解縣市國土計畫時程問題，一〇八年內政部原意提延後一年，並未引發爭議。但一〇九年行政院的修法草案，卻提延後由行政院決定，因此遭立委批「空白授權」。行政院提報要延後時程，但不明示指定期限，就是開後門。

（二）「國家重大建設計畫」可「適時」檢討變更國土計畫

原《國土計畫法》十五條規範，國家遇到重大事變，例如戰爭、地震、水災、火災等，或是重大之公共設施或公用事業計畫時，可不受國土通盤檢討時程的限制。但行政院的修正草案增「國家重大建設」不受通盤檢討時程限制。

由於重大事變跟重大公共設施都已經納入原法，這條例外，被立委批評是在為浮濫的民間開發而設，未來只要經行政院核定的國家重大建設計畫，皆可「適時」檢討變更國土計畫，心態可議。

國土計畫法主要精神是要讓國土保育與經濟發展雙贏，為未來產業發展儲備用地時，也能預留優良農地，保障農業發展。若行政院修正版本三讀過關，恐又有更多農地為了經濟發展而流失，國土計畫法賦予國土計畫「至高無上」的地位，更蕩然無存。

環保團體與多位朝野立委當時都痛批行政院。一〇九年四月十七日立法院三讀過關的修正案擋下行政院的企圖，最後通過的修正條文，「縣市國土計畫」延一年、「國土功能分區」延二年、重大建設條款未修正，以免主管機關重蹈架空區域計畫之行為，使國土計畫法的指導性喪失。

所幸，新增修法結論「縣市國土計畫」延一年，需於一一〇年公告實施，「國土功能分區」延二年，需於一一四年公告實施。可讓農委會與相關單位能為縣市與直轄市的國土計畫書中的農業發展區作徹底、務實與可持續發展農業的土地區位與數量。

因禍得福，防止農地世紀浩劫

由於縣市政府提出的縣市國土計畫草案對農業發展區的編定十分浮濫，從某種角度觀之，農委會應該感謝縣市政府國土計劃的延宕，以及行政院延後兩年公布實施國土計劃法，讓農業部門對國土計畫中的農業發展地區區位與數量，仍有時間檢討規劃地方政府的草案，以免台灣農地遭受世紀性的破壞。

台灣為糧食淨進口國，糧食自給率僅約三十四％。台灣的國土疆域是固定的，中央農業主管機關應進行農地總量管制，農委會應以《國土計畫法》扮演溝通與協調的角色。

根據農委會公布的農地資源分類分級成果，以維護糧食安全為優先，並考量農業發展未來趨勢，在國土計畫法所編定的農地是「實質供給」總量，各縣市應維護農地面積總計為七十四至八十一萬公頃，具有法律效力。

事實上，台灣早已建立農地分類分級制度，按農委會一〇四年全國農地資源分類分級成果，第一種農業用地計四十・九九萬公頃、第二種農業用地計一三・一四萬公頃、第三種農業用地計七・八二萬公頃、第四種農業用地計二十五・〇三萬公頃，作為糧食安全維護與農業發展地區規劃基礎。

面對全球氣候變遷、能源價格波動，甚至新冠肺炎疫情的衝擊，政府應從全球戰略的觀點、國際穀物生產與價格波動及生態環境，把更多面向或政策目標納入思考，包括未來人口結構、城鄉發展、社會經濟變遷、國際情勢及農村穩定等面向，都應先做分析，以制定合宜的政策措施，保護足夠的優良農地面積，以確保「糧食安全」，這也是國土計畫之重要議題，農委會及相關單位，應藉此次疫情重新檢視糧食安全相關問題。

民國九十九年我國總生育率為一．〇三%，為全球最低生育水準的國家，加上現有人口結構有十四%為老年人口，已屬高齡化社會。國發會更預估一五〇年全國人口只有一、八三七萬人，比目前減少二十%，人口結構的改變會影響糧食產銷結構改變，因此應從人口、糧食及國土政策上預為籌謀規劃

此外，自一〇二年正式推動休耕田活化計畫，休耕給付期作面積由原本二十萬公頃，至一〇五年降為七．五萬公頃，農政主管機關應提出相關措施，以落實我國糧食安全政策。為加強農地維護管理及農業結構調整與農地利用，農委會或政府必須做兩件關鍵性的措施。第一是盡速劃定農業發展區，掌握農地總量；第二是切斷農地的非農業使用的修法，

讓農地價格回到合理水準。

農政單位的當務之急

以目前台灣國情而言，農地的議題是一個高度複雜敏感，甚至政治性的議題。農發條例修正二十年來引發的農地問題若再不解決，未來青年農民將沒有合理價位的農地可耕種，台灣也無法提升糧食自給率，更遑論要保障國人的食品安全。

盡速確定農業發展區區位

在使用觀點上，農地是被管制的，它不是商品，它是生產因素，農地價格是由它的生產力（與肥沃度、農業用水、坡向等有關）決定，必須被合理化，而不是由非農業使用，如種房、種電、種工廠、種光電板的收益來決定，否則只會造成農地價格不斷攀升的畸形局面。

台灣的幅員不大，但北中南東的農業生產狀況與人文社會發展不盡相同，農委會在規劃農業發展區時，應採不同考量。

北部地區是人口密集、都市化程度較高的區域，對於現有農地資源應盡量維護，農業輔導及補助資源應優先投入重要農業生產地區，以避免因都市及產業發展壓力下被轉用。

而中部地區及南部地區，是台灣的重要糧食生產基地，應維護大規模優良農地與農業生產區域之完整，重要農業輔導及補助資源應優先投入，農地及灌排系統污染破壞情形，應加強管理改善，以維護糧食生產安全。

至於東部地區內縱谷地區至花蓮新城一帶，則是重要糧食生產地。由於東部農地污染情形比西部地區少，且農業地景有助觀光，故除了維護優良農地，農業部門也應優先投入農業輔導及補助資源，並整合在地產業發展，強化在地優勢產業，以及持續推動花東產業六級化，帶動花東農業永續發展。

當然，台灣雲嘉南高屏地區是全國糧倉，工業區則多在中北部，如果要求某縣市作為全國糧倉，勢必影響該縣二級產業的發展，其工商業收入勢必較低而愈顯弱勢，似乎不甚公平。

但《國土計畫法》在這方面能做的非常有限。以全國農地面積為例，可能的做法是要求各縣市必須符合最低基本值的農業土地面積，地方政府是否願意額外增加，則由地方自行決定。如果中央政府對地方政府有特殊要求，就必須解釋其必要性及公益性。《國土計畫法》就是扮演溝通與協調的角色。

換言之，到底哪一縣市該增加農地，中央應釋出善意，提供有相對的補貼或補償等誘因，至少要讓地方甘願接受。

國際間不乏類似案例，例如美國一味要求熱帶雨林國家不得砍雨林，卻罔顧該國人民發展需求，也不給予補償，難怪美國被稱為環境帝國主義，迫使巴西政府大砍熱帶雨林，追求經濟發展。

依科學實證結果，編訂適地適作生產地區

民國一〇六年在行政院林全及賴清德兩任院長期間，我受邀擔任行政院科技會報科技計畫首席評議專家，負責農委會新農業科技預算中生物經濟及智慧農業計畫執行的督導工作。

記得在科技會報審查農委會的一〇七年度「新農業創新方案」科技計畫時，若干委員對「建立農業生產資源及生態環境友善管理新模式」計畫有意見，因為此計畫是由農試所彙整，與相關十幾個單位共同執行，委員認為是由各單位拼湊而成的四年計畫（一〇七年至一一〇年），擬予以保留。

但個人堅持主張應支持本計畫的執行，因為該計畫主要是盤點農地的質與量，建制農業空間資訊平臺，規劃農業生產資源與調整利用，完成八十一萬公頃農地質、量總盤查，整合農地、產業、用水、環境等資訊，建立農地—作物—管理者關聯資料庫，建置中央與地方政府農業空間管理資訊鏈結，優化農業施政的技術工具，守護優良農地及合理規劃國土；推展大糧倉與生產專區規劃，新創農業服務業，降低農民損失，提升農業施政效能，防止農地不斷流失守護優良農地，確保國家糧食生產用地有效管理與永續利用。

同時，將配合《國土計畫法》的規劃，綜整農地一千五百萬筆地籍圖資的校準與利用資訊疊合作業，讓土地使用兼顧環境保育與生態服務價值，以及彙總優良農地永續利用，確保糧食安全與農產品安全。掌握八十一萬公頃法定農牧用地的農用數量與動態，節省農田管理人力，提升農業施政效能，降低農民損失。

最終，將建立農業資源管理資料庫與改進農業施政的技術工具，提昇施政效率。建置虛擬化軟硬體設備實現對所有軟硬體資源的匯池化，聯繫農林漁牧各產業八十七種不同電腦、不同網路、不同存放裝置的異構特性，為上層應用提供統一高效的運行環境。提供大數據分析的環境，突破農業資源管理的科技發展困境。

農試所已公布「農業及農地資源盤查結果查詢圖台」。該平台將農試所上萬筆地籍資料、航照圖和實際使用現況等資訊套疊起來，只要透過點選，即可查詢農林漁牧產業分布，可作為國土分區的依據。

該項平台是依據近年的農地盤點結果，包含品質、數量都有進行調查。目前確定全台可供糧食生產的農地為六十八萬公頃，而「實際生產中」的農地則僅五十七萬公頃；原不屬於農業使用的山坡地部分範圍，有五萬一千六百多公頃遭農業「超限利用」。

另外，主要生產的平地範圍上，更有四萬多公頃的面積屬於違章工廠、農舍等「非農業使用」。

基此，農委會要站在國家糧食安全與生態的維護，依據農試所完成八十一萬公頃農地質、量總盤查，整合農地、產業、用水、環境等資訊，建立農地—作物—管理者關聯資料庫，作為合理規劃國土及守護優良農地的依據。

依糧食需求編定生產區位與面積

有了農地數量及品質的基礎後，農委會應召集所屬的試驗研究單位、各區農業改良場、各農糧署分署、水保局分局、農田水利署分署及各類專家組成區域農業發展規劃小組，利用農試所的平台，將所有資訊進行套疊，以適地適種、比較利益法則為基礎概念，盤點地方農產業特色及資源特性。

同時配合全國及地方農產業政策、因應氣候變遷和農地脆弱度評估成果，針對各地方政府已提出的農業發展地區各分類農地草案，進行農產業空間布建作業，擬定農、漁、牧各項產業的分布位置，具體呈現在地圖中，可作為各縣市內已編定農業發展區之農林漁牧生產區位與面積的修正依據，掌握糧食生產面積與產量。

依農委會一〇七年的農業指標統計顯示，台灣的糧食自給率以熱量計算為三十四．六%，一〇八年降為三十二．一%，已拉起警報。

若將糧食分類成穀類（主食如白米與麵粉）、蔬果、及禽畜產品，我國白米自給率超過一〇〇％，蔬菜自給率超過八〇％，果品自給率超過八五％，肉品自給率超過五十％，蛋品自給率為一〇〇％，水產自給率超過一〇〇％。亦即以本國生產的農產品為傳統食物的自給率尚為充足。

對於土地型的農業，為了追求小農發揮大農的規模經濟效果，農業部門應輔導建立農地經營規模化、集中化、組織化、標準化模式，例如農業生產專區劃設與輔導、農地儲備利用及租賃媒合等，並配套規劃共同運銷、共同防治作法、農業機械化、新農民培育與產業加值輔導。

至於資本與技術型的農業，應以適地輔導建立區域加工、農業物流處理等農產品加值體系，營造優質營農環境，並提升農業經營效益。

由於氣候變遷、糧食安全、後疫情經濟，以及非農業部門競用土地需求的挑戰，均影響產業發展與資源空間配置，農業部門應透過農業發展地區分類劃設及管理機制，搭配農業施政資源的配套投入，確保農地總量並為產業發展有效利用。

此外，農田水利會已被納入行政單位，農委會已成立了農田水利署，應積極推動灌排分離，維護農業水土資源，協助建構農產品安全生產環境；增設農業灌溉用水調蓄空間，合理規劃農業灌溉用水之水量、水質，降低農業用水缺水風險；加強農田水利建設，提升農業用水效率；發展節能、節水的新型態農業，推動農業用水質量合理規劃，發揮農田水利三生及防減災功能。

棍子與紅蘿蔔

在國土規劃體系下，依據權利義務平衡概念，將現行農地資源管理與配套措施，利用成長管理原則，作有效利用與規劃。這種以計畫指導管制，分級分區，建構農地管理的制度，已是刻不容緩的工程。

農委會要維持農業發展區的農地總量，必須軟硬兼施，運用「棍子」嚴格執法，與「紅蘿蔔」提供補貼獎勵等誘因。

棍子：農委會依法堅持農地總量與區位劃定

為確保糧食安全，維持較高的糧食自給率，政府應維護一定面積的優良農地，避免受到其他民生及產業使用的影響。在《國土計畫法》中，全國各縣市要維持的農地，應堅守維護農地資源的總量面積的下限。

何況全國國土計畫也載明，各直轄市、縣（市）政府應依據農委會所提供的農地資源特性，優先保留適合生產糧食之農地。

基此，農委會規劃小組應對曾投資建設重大農業改良設施之地區，或土地面積完整達二十五公頃且農業使用面積達八十％之地區，或原依區域計畫法劃定之特定專用區仍須供農業使用之土地，或農業經營專區、農產專業區、集團產區、養殖漁業生產區，以及直轄市、縣（市）政府擬劃設為農業發展地區第一類者，不得興建非農業生產附屬設施及農舍，劃為第一類優良農地，並給予優渥的對地綠色環境給付。

具有良好農業生產環境與糧食生產功能，為促進農業發展多元化之地區，不符合農業發展地區第一類條件，或符合條件但面積規模未達二十五公頃或農業生產使用面積比例未達八十％之地區，劃入第二類良好農地，並給予優渥的對地綠色環境給付。

至於坡地農地具有糧食生產功能且位於山坡地之農業生產土地，應考量其資源、生態、景觀或災害特性及程度，訂定第三類坡地農地使用管制規則。

至於第四類的農村型鄉村，其位於農業發展地區之聚落，在維持農業生產環境的前提下進行鄉村規劃，活化農村生活空間，並提升軟硬體設施的完整配套。各直轄市、縣（市）政府應依循既有農地資源特性，進行農地資源規劃，以建構完善之農業生產環境。

第五類的都市農地具優良農業生產環境，能維持糧食安全且未有都市發展需求者，符合農業發展地區第一類劃設條件、或土地面積完整達十公頃且農業使用面積達八十％之都市計畫農業區。

由於農業生產屬於生物性的過程，農業發展不僅強調土地之適作性，需有計畫配合區域發展作有秩序的推動，因此，如何整合規劃農業部門內各產業涉及的空間發展需要，是未來農業發展空間需求的重點。

農地總量缺口必須提供誘因彌補

不管是從總體之土地管理角度衡量，或是從個別農地資源管理方向觀之，現行農地資源規劃與管理，制度性之修正與配合，都已刻不容緩。

在新國土計畫下，計畫與管制仍採取中央與地方分責辦理方式處理。未來農地管理機制，並非重新建置或混合現有管理架構，而是在建置完整性制度的基礎下，使現行土地規劃與管理相結合。

根據地球公民基金會、環境法律人協會、台灣農村陣線、主婦聯盟等民間團體於一〇八年十一月盤點各縣市國土計畫後發現，「全國國土計畫」提出全國應保留七十四至八十一萬公頃的農地總量，恐出現十萬公頃以上的缺口無法達標。

環團當時舉行「十萬農地被消失」記者會，地球公民基金會專員吳其融在會中表示，各縣市國土計畫有不同的問題，首先是地方政府保留的農地太少，若以全國國土計畫草案曾提出的分配量比較，以高雄市不足一萬六千七百公頃、新竹縣不足一萬二四五八公頃，兩地最為嚴重。屏東縣、澎湖縣的保留農地也是「〇」。

環團更指出，全國國土計畫提出的農地總量七十四至八十一萬公頃，具有法律效力，但未來內政部要求地方政府提高農地時，地方政府可能會把山坡林地等實際上不適合耕作的土地拿來充數。

部分區位的既有農地更已明顯流失，最明顯的是「都市計畫農業區」幾乎不復存在。過去都市邊緣常有一些土地列為未來都市發展時所需的儲備用地，但因未實際開發，因此多被劃為「都市計畫農業區」，但如今各地方政府在縣市國土計畫中，卻把八十七％的「都市計畫農業區」，約八萬七千公頃劃為都市發展用地，僅有一萬兩千多公頃被劃為維持農地，須及時提出修正案。

目前各縣市的國土計畫中，也看到大規模開發的徵兆。全國共有一萬五三四七公頃的土地預計劃為「城鄉發展區」的第二或第三類。在「全國國土計畫」中，如此劃設的要件為「規劃在五年內動土的新增開發案」，例如住宅商業區、產業園區等。但事實上，在後疫情經濟時代中，五年內要增加大型投資開發用地的機會並不大。

紅蘿蔔：加強對地綠色環境給付

從縣市國土計畫草案的案例觀察，當農民的農地被編定為農一及農二以後，相關的限制很多，且不易轉成開發用地，如不得興建非農業生產附屬設施及農舍，農民常稱他的農地「被判死刑」，因此部分農民不想被劃入農地。

許多農民認為，過去政府所宣示的所謂從農「好處」，都是口惠而實不至，或是曇花一現的補貼，總感覺務農的好處遠不如讓農地開發或種電租金的好處。

因此，為平衡農地與非農地發展權益的差異，農業主管機關對擬加強保護的農地，應適度提供維持農用的誘因，訂定各項發展區位選擇指標，讓農業發展與空間結構相結合，建構優質農業生產環境。

農委會應主動依農地資源盤點結果，提出農業發展區所需要的優良及一般農地面積與區位，並明確提供被劃入農業區農地對地補貼的方案與說帖，向縣市政府及農民說明與溝通。換言之，農委會應針對被納入農業發展區的農地，不得變更作為其它用途的農地，支付「對地綠色環境給付」加以補償，以順利完成優良農地願意被編入農業發展區內，做為糧食與食物永續供給的空間，而非放任由地方政府編定。

盱衡先進國家如歐美、日、韓等國，對農地農用實施對綠色環境的補償政策，肯定農地附加的外部效益。補償（compensation）和補貼（subsidy）的意義，不同於補助，補償是針對農民在農業生產時帶來的環境、生態多樣性、糧食安全及文化的貢獻，政府提供的補償是彰顯土地當成農地使用對國家的貢獻。

例如稻米的生產，如果政府能提供「對地綠色環境給付」的補償金，對優良及一般農業用地嚴格管控，並給予對地補償，而不干預生產項目，由市場機制指引農民的產銷計劃，這樣的補償是符合國際規範。

農委會應盡速著手訂定支付「對地綠色環境給付」的標準，對被限制不得作為其它用途的農地進行補償。換言之，將農業生產區的非金錢外部效益，變成可計算的農民收益，使其所得與非農業使用的所得相近，才有可能讓地方政府及農民願意讓土地被編入農業區，維護農地的總面積數量。

簡單來說，農委會可藉由對地綠色環境給付的金額，加上種植新興高價值農作物，提升農民務農收入，鼓勵農地農用，並承諾未來對農業發展地區將加強投入農政資源及補貼，這些相關內容應納入全國國土計畫中。

在現行制度下，農委會也應結合給付與各項農業其他給付，以及重點輔導經營與科技農業的引入，提高農業經營收入，使農業生產區的所得與非農業使用的所得相若，才有可能讓農民願意讓土地被編入農業區。

農委會提出農業環境基本給付對象，可針對五十七萬公頃維持農糧作物生產的農業用地，分別就農一、農二、農三訂定每公頃每年可領到相當金額的補償，以便確定農業發展地區劃設。

過去，在農發條例修正案時，台灣省農會及老農派立委曾提出，被劃定不得變更用途之農地，應制定完整回饋制度，並予基本收益保障，按一公頃水田計算每戶以基本工資計算為準，政府寬編預算挹注其不足差額之補償。

至於有關推動各項農業措施，如為友善環境補貼、作物獎勵等補貼，以及產業發展措施，如外銷專區之設置，都以「農業發展地區」的農地專享。農委會提供推疊式補助，在農業發展地區劃設完畢後，應改以農業發展區的農地為對象。

綠色環境給付，應與作物種類脫鉤

在農地總量與區位確定後，農地更應兼顧整合性管理機制，依國家總體資源供需，堅持國家農地農用的同時，農委會各研究單位及改良場的研發成果，應有效移轉給各個產業，發揮農業科技加值的角色，提高農業經營利潤，讓務農是賺錢的職業。

農委會應有配套措施，讓農民安心發展現代化農業，建置更有彈性的產業策略，讓農地種植各項作物的「經濟供給」，是根據同一塊農地對抗作物的收益而改變，達到國家總資源有效利用、國土保安與糧食安全。

換言之，農業發展區的農業經營的種類，是以「對抗作物」的收益高低來決定農場的經營計畫，而不是以「對抗產業」的非農業使用利益來決定。

例如枋寮地區有一千六百公頃的農地，適合種蓮霧與芒果，但農民會根據經營利潤、市場需求而調整種芒果或蓮霧的面積，發揮以市場為導向的農業產銷機制。而非用種蓮霧的收益與種電租金來比較，這樣才不會失去國土計畫功能分區的意義。

農委會現階段對稻米政策是採取雙軌制，一是對地綠色環境給付，鼓勵稻農轉作；另一是歷史悠久的稻米保價收購，造成生產過剩。

其實，根據先進國國家的經驗，綠色環境給付的對象不應該針對作物，而是應以被劃入農業區且不得興建農宅與變更的農地為對象。主要就是為了維持國家因糧食生產所需要的農地總量，而設立補償支付制度。

目前農委會把對地給付與稻米保證價格合併使用在稻米生產，並不適合，且違反國際規範。

政府一方面以對地綠色環境給付鼓勵轉作，一邊卻用保證價格拚命收購稻米，稻作生產幾乎處在毫無風險的狀態下，政府的兩種政策有如狗咬尾巴，原地打轉，勞民又傷財，稻米生產過剩是必然的結果。

例如一〇九年一期稻作收完，存糧高達一〇八萬公噸，是法定安全存糧的三到四倍，造成糧倉爆滿。除了成為財政沉重負擔外，政府還必須花大筆預算、人力和空間處理儲存；收了稻穀存放後，若三年沒有碾製成白米銷售，就變成飼料米。

根據一〇九年第三次標售國產公糧案標售結果，一〇八年一期新米預計標售十二萬噸米外銷，但實際只標售九萬噸，每公斤標售價十九．四三元，實際售出價格可能遠低於此。

台灣稻米生產成本每公斤超過三十元，外銷標售價格遠不如成本；但若不降價求售，無法與國際稻米競爭。因為公糧若不賣，放久就成飼料米，因此採用補貼出口商將庫存舊米外銷非洲的缺糧國家，這些損耗與浪費都是全民承擔。

糧商認為，公糧庫存壓力太大，降價求售是政府「沒有辦法的辦法」。其實，台灣稻米市場的價格形成，是在政府干預下，政府高價收購放倉庫的結果。因為大盤糧商知道庫存仍多，何需出高價向農民購買稻穀，當庫存很多又要維持農民收益時，只能政府吸收價差，等於是全民埋單。

這也是農委會的稻米價格政策會遭監察院糾正的關鍵原因。隨著飲食西化，台灣稻米的消費量持續大幅減少，稻米保價收購卻維持了稻穀一定的價格。公糧收購制度造成了稻米產業畸形發展，一般農產品的生產有價格機制，價格下跌時，農民會自動調節、減少產量，但稻穀保價收購讓政府無限制收購，自然不會有市場調節機制，於是稻米愈種愈多，更浪費國家資源。

相對地，配合國土計畫法而實施的綠色對地補貼，是為了建立國土功能分區劃設時，對劃設農業發展地區的誘因與補償，應該與過去稻田轉作、休耕等政策脫鉤，讓綠色對地補貼只針對被劃入農業發展區，不准變更的農地給予補償；至於補貼範圍與幅度，農委會應就農地的特質與各種作物的糧食自給率而定。

落實農地農用的配套措施

切斷農地的非農業使用管道

台灣農地的價格飆漲成全球最高，肇因於近二十年來開放自然人可購買農地做非農業使用；為了要讓農地價格回歸到與農地生產力相當，應盡速修法，以切斷農地的非農業需求管道，至關重要。

很遺憾地，國土計畫功能分區的編定權力，落在地方政府。因為第一次的縣市國土計畫最為重要，農委會有責任督導與溝通縣市政府，將農業發展區的總量與區位劃定落實。

當務之急是要先切斷各界對農地的非農業需求，去除農地擁有者的預期心理，回歸「農地農用、農宅農用」的政策，讓縣市的國土計畫能落實劃設農業發展區的農地，符合國土計畫法的全國功能分區，才能確保台灣的糧食安全與生態維護，否則各縣市農地都將消失。

切斷非農業需求，首先要做的是綠能發展應與農業土地脫鉤，不要再為了發展綠能、鋪設太陽能光電板而徵用農地、砍樹種電。

近年為了蔡政府推動綠能發展，農林漁牧皆承受極大壓力。台灣並不缺鋪設太陽能光電板的地方，卻常見砍樹種電，完全是徵用農地便宜行事、降低成本的藉口，貿然砍樹種電，農業發展未必有益，卻先犧牲了居民生計、地下水庫和生態，以及與環境共好的機會。

其次，要全面取締拆除農地上林立的違規工廠。這些工廠大多座落在非都市土地的特定農業區，破壞農業生產環境，特別是高污染而群聚的未登記工廠。為防止未登記工廠持續蔓延及破壞農地生產環境，政府應儘速提出清理輔導作法及配套措施，以確保整體環境永續發展，兼顧經濟發展需求。

農委會已公布「農業及農地資源盤查結果查詢圖台」，可做為舉發違規工廠及非農業使用的建築物的工具。這個平台不但是國土分區的依據，可清楚辨別違章工廠等非法使用所在地，民眾可以使用圖台來檢舉違建，一發現違規就以APP通報，讓公眾力量參與監督。

刪除農發條例興建農舍條文

為抑制搶建農舍風潮，相關單位應在國土計畫功能分區管制公告實施前，凍結農宅興建辦法。在實施後，更要廢除農發條例允許興建農舍條文，依落實國土計畫法的立法宗旨，否則與目前農委會推動的精緻農業政策背道而馳，農業將陷入死胡同。

另外，政府應妥善解決「老農津貼」問題。老農對台灣經濟發展的奠基工程貢獻良多，政府要妥善照顧，老農津貼應納入國民年金。但對於年輕與新進的農民，不宜再有特別的待遇，否則政府編列龐大的預算補貼住在豪華農宅內的退休公教人員與富商，不符公平正義原則。

集中規畫鄉村社區，讓農業生產與居住分離

在新的國土計劃體系下，現行涉及農地管理的各項法規或作業，需結合規劃體系與管制制度，全面檢討調整。其中，「農業發展條例」應同時檢討與修正。也就是說，在訂出新的

國土管制法令規定時，也要建立農業發展地區的分區管理架構，包括分級分區標準或管制項目與機制。

有關鄉村住宅區的發展，應優先於農業發展地區第四類地區、鄉村地區整體規劃範圍或農村再生發展區內，以農村社區土地重劃方式辦理，提供住宅用地，減少個別、零星興建。

國土主管機關及農村再生主管機關，也應配合修正或落實相關法令規定，增加農業發展地區第四類地區的容許使用項目與使用強度，並對以農村社區土地重劃興建者，賦予較高發展強度，鼓勵農產業或農村生活設施集中發展。

對於實際從事農業經營者的新購農地，若想要興建農舍，應依規定興建於鄉村區邊緣或鄰近地區，整體規劃公共設施與居住環境。讓農業生產與鄉村生活分離，維護農地的完整性，讓真正想要務農的人以合理價格買到農地。

換言之，國土法中的第四類（農村型鄉村）農地立法宗旨，與當初修正《農發條例》時提出，透過土地重劃辦理農村社區更新，改善農村生活環境的理念相同。

善用國土永續發展基金

《國土計畫法》第四十四條規定，中央主管機關應設置國土永續發展基金；政府於一〇六年已設置國土永續發展基金。

國土永續發展基金的財源，來自政府撥款、使用許可案件所收取之國土保育費、自來水及電力事業機構附徵之一定比率費用及其他收入等。基金的運用，依國土計畫法規定辦理的補償所需支出、國土規劃研究、調查及土地利用監測，及其他國土保育支出等。若在農業發展區內有非法住宅、非法工廠等建築，基金可提供地方政府強迫將其遷出農業區，並給予補償。

《國土計畫法》雖可提供國土永續發展基金，可供地方政府強迫將非法工廠遷出農業區，但地方是否執行，仍待觀察。現在《國土計畫法》規定，興辦一定規模的部門計畫，都應遵循國土計畫的指導。如能確實做到，《國土計畫法》才會和過去的《區域計畫法》真的不一樣。

年度農業產銷會議應恢復

為提高糧食自給率，農委會應積極檢視地方政府的國土計劃草案，以農試所所建立的綜整農地一千五百萬筆地籍圖資的校準與利用資訊疊合作業成果，以長期農業發展方針，編定農漁牧發展用地，以終為始的觀念，規畫主要糧食的自給率，運用農民組織與科技，提高農業營收與生產的附加價值，讓農業成為賺錢的產業，擺脫補貼農業的悲情。

為了產銷平衡，建議農委會可採取過去民國六十年代時類似計劃經濟的制度，召開「全國農漁畜產銷會議」。也就是在年度結束前，邀集農委會所屬單位、縣市政府農業局（處）、農民團體及各產業產銷公會等，舉行下一年度的「全國農漁畜產銷會議」，規劃下一年度各種農漁牧漁產品、各縣市的種植面積／生產量與消費量，掌握產銷狀況。

然後，農糧署應採用農試所已開發重要農業生產監測／預測技術，如遙測技術、作物模式的精準作物監測體系，遙測估測水稻等多種作物面積與產量預測技術，結合作物生長模型與空間資訊，推估主要作物生產量。

並以遙測技術、作物模式、現地調查與物候資訊的作物監測體系，建立農情調查即時發布制度，落實早期預警管理，減少耕鋤、掩埋過剩產品，以及臨時緊急進口缺供產品案件的發生。

第四篇

突破小農發展限制的策略

以農民組織突破小農限制

台灣經濟屬於人多地少、資源不豐富的海島型經濟體系，多為小農經營。台灣農業發展是靠農民、政府與組織結合而成的「社會力量」促成，以「農民組織」的力量，維護農業產業附加價值。因此，包括農會、漁會、水利會及合作社，農民組織在台灣農業發展史上，扮演關鍵角色，發揮了非常重要的力量。

台灣的農業生產是依據「市場力量」與「誘導性技術創新」，克服農產品生命週期較短、資源價格與相對價格快速改變的困境。換言之，過去在小農經營體制下，台灣有許多的農業試驗機構，包括中央研究院，農、林、漁、牧試驗所及其相關單位，各地區農業改良場等，由政府編列預算，依據市場需求力量，從事基礎及應用的試驗研究創新，將其成果以「準公共財」的方式，免費推廣給農民使用。

台灣在發展初期，農業以「生物性」與「制度性」創新，使「農業成長率」超過「人口成長率」，利用農業資源創造價值，培植工商部門的發展，進而帶動整體經濟體系之發展。自民國五十年代開始即積極推動農業機械化，期以「機械性」技術創新，增加農業資本投入，改進農業經營型態。

台灣雖是小農經濟體系，台灣過去的農業成長率約有三分之二是來自技術的改進，另外三分之一是因素的增加，可見技術的改進對台灣農業發展的貢獻。

近年來，面對日益激烈的國際競爭，政府大力實施各種獎勵措施，政府、學術單位及企業界紛紛投入技術研發行列。就長期而言，台灣科技研究經費與農業科技研究經費都有增加趨勢，但農業科技研究經費占台灣科技研究經費的百分比卻逐年下降。

因此，將技術轉換為價值、開發技術以創造商機、整合技術策略與企業策略、利用已獲得競爭優勢技術，改善服務系統的彈性、架構可以因應技術變革的組織是問題的核心。

光復之初，為強化對農民的誘因，並確保農民能獲得生產資財、指導與技術，政府先後改組農會與農田水利會，並責成農會負責提供農民倉庫、碾米設備、市場設施、肥料配售、農貸推廣等業務。水利會則負責灌溉設施的興建、維護及管理等業務，使農民能有效獲取生產因素、灌溉用水及運銷農產品。

農會信用部維繫農民向心力

農會的角色是政府與農民的橋樑。農會負責提供農民倉庫、碾米設備、市場設施、肥料配售、產品行銷、農貸推廣及農業保險等業務，但農會信用部是最關鍵的部門，它是農會營運資金的主要來源之一。農會的另一重要部門是供銷部，提供農民現代化的生產因素，包括化學肥料、除草劑、殺草劑、農藥、農業機械、飼料以及優良種子。隨著台灣農業生產走向現代化，政府也透過農會給予農民適當的補助及補貼。

台灣農業金融體系包括農會信用部及三大行庫（即合作金庫、中國農民銀行、台灣土地銀行）。農業金融與信用提供是農會的重要任務，信用部吸收資金，並貸放款予會員，貸放款主要用於購買農業資產和土地改良。農會的資金來自會員存款及政府提供低利資金，促使農民購買現代化農業資財，提高農業生產力。

三大行庫及其分支機構則散布於農村，主要是提供中長期的貸款。而為方便農民的借貸，農業行庫的借貸主要透過農會信用部。另外也有若干機構提供農業放款，例如：台糖公司、糧食局、菸酒公賣局，提供生產甘蔗、稻米及菸葉的生產貸款。

呆帳惡化，金融重建基金搶救農會

農會的發展並非一帆風順，由於長年來與地方派系關係複雜，民國七八十年代時，農地貸押的問題日趨惡化，許多農會信用部逾放比率超高，農會信用部呆帳連天，隨時可能引發擠兌風暴。

民國八十六至八十八年，我在農委會主委任內時，高層已注意到金融機構資產惡化，因此責成農委會和中央銀行、財政部研議，以政府公共資金挹注方式，設置金融重建基金，處理經營不善的金融機構。

八十九年政黨輪替，民進黨政府接手於九十年通過「行政院金融重建基金設置及管理條例」，設置金融重建基金，提供問題金融機構退出市場所需資金，並對該機構存款人提供全額存款保障，避免發生存款人信心危機或連鎖效應，引發系統性風險。

財政部當時依據「金融機構合併法」，於九十年八月三十一日及九月十四日命令二十九家經營不善的農漁會信用部讓與銀行承受。九十一年七月二十六日，財政部再命令七家經營不善的信用部讓與銀行承受，合計兩年內共有三十六家農漁會將信用部讓與銀行承受，其資金缺口，全部由金融重建基金賠付。

整併農漁會信用部，引發農民抗爭

但整併農漁會信用部，引發農會的強烈反彈與農民的極度恐慌，認為政府企圖消滅信用部並進而消滅農漁會，九十一年十一月二十三日發起台灣史上最大規模的農漁民街頭抗議行動。

這場名為「1123與農共生」的大遊行，有三百多個鄉鎮的農漁會參與，只有約十家農會缺席，十餘萬農民上街頭，抗議政府整頓農漁會信用部，更反對政府的基層金融改革措施。

遊行隊伍中，數以萬計的農民舉著「農亡、國亡」，「支持改革、反對消滅」等標語，許多農村婦女頭戴花布斗笠，以農家傳統裝扮表達心聲。更有白髮蒼蒼的老農談起前景老淚縱橫，直說不要再讓子孫務農了。

面對農民的反彈，剛上任不久的陳水扁總統原表明「寧可失去政權，也要進行改革」的決心，但不久之後便宣布「暫緩」改革，還在與農民溝通時指責行政部門作法不當。

國民黨辛勤開路，扁政府輕鬆收割

最終，扁政府為回應農民和農漁會訴求，送出了幾個大禮。先於九十三年一月公布施行農業金融法，同時成立農業金融局，九十四年再成立全國農業金庫銀行。農業金庫成為各農會信用部的母銀行，農金局是農業金庫銀行與農會信用部的監督與管理機關。

此後，農委會依據農業金融法動用金融重建基金，彌補經營不善的農漁會信用部資金缺口，並命令所屬之農漁會合併。九十四年三月屏東縣新埤鄉農會合併於同縣南州鄉農會，九十六年三月嘉義縣大埔鄉農會合併於同縣竹崎鄉農會。

據統計，金融重建基金依法賠付的農漁會信用部一共有三十八家，賠付金額合計高達四九五億元，約占金融重建基金運用總額的二十四％。其中屏東縣十三家，高雄縣市六家，彰化縣五家遭到裁撤。

三十八家信用部，四九五億的鉅量呆帳，正說明當年「老農派」立委為何迫切要求開放農地興建農舍，為了盡快拍賣農地，解決農會逾放比例過高的陳痾。

當年為了加入WTO，國民黨政府費盡千辛萬苦進行雙邊貿易談判到尾聲，不久後卻失去政權。民進黨在民國八十九年政黨輪替時，坐收稻尾，還譏諷國民黨談了十幾年談不成，民進黨談了兩個月就完成入會多邊談判。

亞洲金融風暴時，國民黨積極起草金融重建基金條例草案，要安定台灣的金融秩序；同樣地，也因為政黨輪替，最後讓民進黨完成立法程序，依法關閉與合併經營不善的金融機構，是亞洲唯一安然度過亞洲金融風暴的國家。回憶至此，我不禁要說：「民進黨的命真好」。

農田水利會的變革

台灣農田水利會是負責灌溉設施的興建、維護及管理等業務，使農民能有效獲取生產因素、灌溉用水及運銷農產品。

水利會是台灣源自日治時期「水利組合」的法人農業組織，台灣曾於各地設有區域性的水利會，也有全國性的「農田水利會聯合會」，主要工作是興辦水利事業、防治農業災害及其他農業政策或土地開發等事務。目前台灣有十七個水利會，會員約一四六．七萬人，灌溉管轄區三十七．一萬公頃。

水利會是具有「公法人」屬性的農民團體，既為公法人，依法就能行使公權力。水利會是政府政策的執行者，也為農民意見的整合者。十七個農田水利會各設會長一人，由各水利會全體會員票選產生，任期四年，連選得連任一次。

地方選舉水利會「喊水會結凍」

水利會組織有會長、會務委員、各業務組室、管理處、工作站、水利小組、水利班、水利會員形成一完整嚴謹的組織體系，層層相扣。因擁有龐大的會員數，水利會一向對農村社會的政治活動有關鍵影響力，被喻為「喚水會結凍」，組織的動員力量不容忽視。

農田水利會有多樣經費來源，且有會員強制入會的規定，綿密的組織系統類似農會，在地方能發揮公職人員選舉動員的效果，足以牽動大型地方選舉，因此農田水利會人事常被視為藍綠政黨的地方勢力。

農田水利會最主要的功能為農田灌溉排水業務，服務對象以農民為主。以前因水利的興修與開發，灌溉事業的規模逐漸擴大，灌溉面積逐年增加，稻米耕作普及，年可二至三作，生產的糧食自給自足，並有剩餘輸出，賺取外匯。

但隨著經濟發展變化，近年稻田面積減少，在加入WTO後，受貿易自由化的要求及規範，農產品市場更大幅開放，農業遭受極大衝擊。水利會面臨灌溉面積減少、非農業用地需求日增、水利地遭侵占、各標的用水供需失衡、非農業標的競爭用水、灌溉水污染，以及加入WTO後政府農業政策調整的困境。

李前總統：水庫建造經費來自農民

民國六十二年，我就讀研究所時，碩士論文題目是「鯉魚潭水庫灌區的灌溉直接效益對農家所得重分配之研究」，研究內容正是探討農田水利與水庫興建的關係。我的指導教授李慶餘老師邀請當時的水利專家、經濟部技監馮鍾豫先生，與當時為政務委員的李登輝先生，做為我的論文口試委員。

當時台灣有關水資源經濟的農經界專家，正是李慶餘教授及李登輝政委，有關興建水庫灌溉效益及農家償還能力的評估計畫，如何做為灌區內農民向水利會繳交水費的依據，多由兩位李先生主導相關的研究分析。

依規定論文口試前兩週，要將論文初稿送給口試委員審閱。我本來要送到行政院的李政務委員辦公室，但因他正要出差到台中開會，約我在當時台中的寶島大飯店咖啡廳見面，後來更要我直接到他房間討論論文。

記得見到李政委時，他問我的第一句話：「什麼叫做水庫的灌溉效益，如何評估？甚麼叫所得重分配，如何評量重分配效果？」這些我都能及時回應重點，例如效益是有／無（with/without）計畫的收益差別，不是前後（before/after）的概念。

至於重分配的指標，則用吉尼係數（Gini coefficient）比較有／無計畫的數值變化，係數變小是指灌溉效益讓灌區農家所得有改善效果、變大則是惡化。

這些都是我的論文重點，李政委聽完我的說明，馬上點頭表示：「這類的研究過去農經界都沒有人做過喔！不錯！」

接下來，他開始談起農會與水利會的歷史故事。他說，當初台灣光復不久，由於農會與水利會的改制，農民都可以加入成為會員，可以選農民代表、理事、理事長（會長），讓農民感覺自己是農會與水利會的一分子，對這些農民團體的向心力極強，很相信農會與水利會做為農民與政府的橋樑，也因此培養出很重要的地方政治領袖，安定農村社會。

他還告訴我，台灣的水庫建造來自農民以水費與工程費的方式，分期償還水庫經費，照理來說，農民是水庫的主人之一。記得曾文水庫灌區內的農民，有一期工程費用沒繳，電視機還遭到法院查封，水利會灌溉的設備是這些農民出錢做的，因為灌溉用水是農民生命泉源，攸關國家糧食的生產，但有人常常拿農業產值比較高科技產值、甚至認定高科技用水應優於農業用水，不僅不應該，更是不道德。

中國大陸有萬里長城，從衛星上看得見，被譽為世界偉大的智慧與工程。李政委說，其實台灣也有一座衛星看不見的萬里長城，那就是由農民出資、提供土地與勞力，延綿數萬里的灌溉與排水渠道網絡，為台灣的農業和糧食生產默默地奉獻。

言談中，他對台灣農業灌溉的體制與運作，瞭如指掌。後來碩士論文口試當天，李政委因為另有行程不克前來口試，由當時的農復會（全名「中國農村復興聯合委員會」）農經組毛育剛組長代理，順利通過口試。

農田水利國有化，二週後桃竹苗卻停灌

由前述發展史來看，農田水利會資產過去並不屬「國有」財產，國民黨執政時，雖曾兩度想將農田水利會改組，因水利會資產非國家所屬而作罷。但行政院於一〇九年九月九日發布農田水利法實施，自十月一日起，農委會成立農田水利署，全國的各農田水利會改為管

理處，處長為公務員，納入農委會農田水利署管理；原水利會持有的現金則成立特種基金，專款專用在農田水利事務上。

農委會認為農田水利署的成立，代表未來政府的灌溉服務範圍不再侷限於原有三十一萬公頃的水利會灌區，可逐步擴大到全國六十八萬公頃生產糧食的農地，造福更多農民。

遺憾的是，農田水利署成立才兩週，農民還沒享受到農委會宣稱的「政府服務」，十月十四日便無預警地宣布，因乾旱不雨，嚴重缺水，桃竹苗地區一萬九千公頃農田將實施停灌。停灌範圍以栽種水稻為主，針對仍在抽穗階段的稻田，因停灌造成稻作無收成，政府發放每公頃十四萬元的補償金，以確保農民生計。另對水稻植株的處理，不強迫耕鋤。

但事實上，桃竹苗地區的水稻十月中下旬已進入收割階段，十一月上旬陸續收割完畢。其實農委會無需急著宣布停灌補償的決策，這個倉促停灌補償決策，政府還要花一筆預算，補償產業鏈上的育苗中心、代耕中心機械閒置、糧商契約生產無法交貨等的損失，牽一髮而動全身。

侵犯人民權利，開歷史倒車

政府大筆一揮，將水利會所有資產轉為「國家」所有，前立委及台南縣長蘇煥智直指，這是在侵害人民團體的結社權及財產權。

水利會改制爭議，蘇煥智也在臉書拍影片表示，「民進黨這次為了水利會地方選舉派系問題，做出這樣違憲、違反世界發展趨勢、違反民主發展趨勢、違反政府組織改造趨勢，可以說是嚴重的開歷史倒車」。

蘇煥智在十月一日水利會收歸國有時說：「在台灣的開拓歷史或民主發展上，水利會非常具有價值，例如烏山水庫，七十%來自農民出資興建，曾文水庫也是五十八%由農民出錢來灌溉，水利會是農民注資自治的組織，在全世界都被認為是最適合水利灌溉的組織。」

我也不禁想起，近半世紀前在碩士論文口試前夕，李登輝總統告訴我的「台灣的水庫建造，相當高比例的經費來自農民，農民應該是水庫的主人之一」。

民國一〇九年是十六年來最乾旱的一年，但水利會變成政府單位後，對於乾旱一樣束手無策；為因應抗旱，推出水稻種植「四選三」政策，就是兩年共四期稻作只種三期，另一期建議改種旱作，若還是種稻則不予公糧收購。

這和一個多月前農委會宣稱的「成立農田水利署，代表政府的灌溉服務範圍可逐步擴大到全國六十八萬公頃生產糧食的農地，造福更多農民的承諾」對比，何其諷刺！問題在農業灌溉水是否充足。

事實上，包括政府與農民，目前對於耕作的概念仍停留在「種水稻」，土地利用都以水稻規模去思考。面對乾旱及休耕政策，未來農業灌溉用水必須重新調整，水資源必須重新由農水署與各分署協調。就如同民國六十五年水利會配合國家增產水稻政策，農業灌溉水必須調整一樣。

大埔水庫的美麗與哀愁——水資源是經濟發展最大限制

我出生於新竹縣北埔鄉。小時候常到大埔水庫岸邊遊玩，這座由國人設計、歷史悠久的水庫，卻於八十九年十一月陳水扁總統任內被解除水庫保護令，由長榮集團的張榮發先生申請建造成彌勒佛宗教園區與休閒區。

這樣的改變，讓我感慨良多，第一個感慨是「大埔迫遷案」遠比「大埔水庫」有名了。也就是政府強制徵收農地，政府切斷農業用水典型案例。

大埔水庫座落在新竹縣，是全台第一座由國人自行設計興建的水庫工程。水庫集峨眉溪上游的溪水而成，在民國四十五年七月動工，五十年開始供水，主要供應香山、寶山、竹南、後龍、頭份一帶的灌溉用水，水庫以「大埔」為名。

壩邊目前還有一座完工紀念碑，鐫刻著當年農復會主委蔣夢麟先生提字「制天而用」。因灌區多位於苗栗，故管轄權屬於苗栗農田水利會。水庫集水區面積一百平方公里，滿水總容量九百萬立方公尺，現存有效容量為四七二萬立方公尺，幾乎僅剩一半。

八十九年十一月內政部解除水庫的保護令，將水庫由重要水庫降為公共給水水庫，峨眉鄉公所為發展觀光，便把「水庫」稱為「湖」。

解除保護令的另一主要原因是，原有灌區被政府區段徵收，大多變更為竹科園區用地，加上園區已呈飽和，政府已於八十九年五月十八日完成一五七．〇九公頃竹南基地細部計畫。

其中苗栗縣政府為執行「新竹科學園區竹南基地暨周邊地區特定區」都市計劃，以區段徵收方式，進行徵收。九十八年六月九日執行整地施作公共設施工程，引發居民抗爭多年的「大埔案」。

第二個感慨是，印證作家蔣勳教授說的「太多農地被企業家占走了」。在大埔水庫集水區解編後，八十九年開放農地買賣，原有的農地與山坡地，緊鄰大埔水庫大壩邊，視野廣闊，多被大企業購買，興建寺廟、禪修道場及彌勒佛宗教園區，許多退休科技新貴紛紛購地經營民宿休閒農場，賣咖啡及餐飲等。

第三個感慨是，大埔水庫幾乎呈荒廢狀態，後來雖另興建寶山、寶山第二水庫與永和山水庫，供應新竹科學園區工業用水。但一〇九年因氣候異常，十二月下旬永和山水庫、寶山水庫和寶山第二水庫巷有效蓄水量分別只有二十八％、三十七％及三十四％，但台灣已沒有可以再蓋水庫的地點了！

現在的大埔水庫淤砂嚴重，有效蓄水容量僅剩一半，布袋蓮布滿水面，每次竹科園區缺水，都把矛頭指向農業用水太多，但事實卻是政府讓國人建造的水庫荒廢。

台灣省青果合作社的興衰

除農田水利會，另一個對台灣農業有重大貢獻的組織是台灣青果運銷合作社。台灣全國性的農村青果運輸銷售合作社，前身為一九一五年成立的中部台灣青果物輸出同業組合，台灣光復後改組並擴大成立各地方青果運銷合作社，聯合各合作社組成「台灣省青果運銷合作社聯合社」。

民國六十四年又將台北、新竹、台中、高雄、宜蘭、花蓮等六個青果運銷合作社及台灣省青果運銷合作社聯合社，改組為「台灣省青果運銷合作社」，採總分社制至今。

青果社的主管單位為內政部，業務內容受農委會指導，另在日本東京設有台灣青果株式會社，做為駐日辦事處。依據合作社法，台灣青果運銷合作社設有社員代表大會、理事會、監事會與社務會。社員代表大會是該社最高權力機構，每年開會一次，理事會是決策機構，監事會是監查機構，每兩個月召開會議一次，社務會每六個月至少召開一次。

青果社是創造水果外銷榮景的國家隊

青果社負責台灣的農產品外銷，以銷售香蕉、柑橘、鳳梨為主，荔枝、芒果及其他青果為輔，主要出口市場為日本，其中以香蕉外銷日本成績最輝煌，民國五十六年達到最高峰。當年香蕉生產面積五萬二千多公頃，外銷三四八〇萬箱（每箱十二公斤），為國家賺取五千七百多萬美元的外匯，柑桔的外銷也於民國六十二、三年創下二五八萬箱（每箱十公斤）的紀錄，賺取八八〇餘萬美元的外匯，為台灣農村的繁榮留下燦爛的一頁。

扁政府開放香蕉自由出口，外銷節節敗退

然而，再光輝的成績，卻因選舉期間開的支票而走入歷史。

民國九十三年十二月，扁政府執政時，農委會宣布自九十四年一月起取消一元化出口限

制，開放香蕉自由出口，除了台灣省青果運銷合作社之外，農民團體及貿易商均可辦理香蕉出口業務，以增加外銷通路和外銷機會，提高香蕉外銷市場占有率。

農委會當時發布新聞稿表示：「為因應日趨競爭之國際農產貿易環境，有效拓展香蕉外銷市場……，開放香蕉自由出口，期望在良性競爭情形下，提高競爭效率，增加業者拓展日本市場之機會；而農民亦可選擇青果社以外之其他出口管道，對提昇農民收益，穩定香蕉產業發展應有正面效果。」

台灣省青果運銷合作社原本是政府特許的農民組織，專責出口香蕉到日本，也正是數十年前的「水果外銷國家隊」，但開放自由出口後，這個國家隊已不再是過去的領頭羊角色。而且自八十九年迄今，台灣生鮮農產品的出口，特別是水果外銷，已從日本轉移到新興的中國大陸市場，香蕉外銷更面臨其他國家的強力競爭，出口榮景不再。

相較之下，鄰國菲律賓香蕉大舉進軍日本，甚至中南美洲也出口香蕉到日本超市販售，台灣香蕉在日本節節敗退。同時，另一個新興市場——中國大陸，近年透過各種手段吸引台灣農民、農產品進入，但政府提供的協助和輔導有限。

目前的日本市場，台灣外銷農產除了花卉與毛豆之外，其餘的外銷生鮮農產品只剩下熱帶水果。但我們熱帶水果的競爭力並不如東南亞國家，即使品種改良的芒果、蓮霧、蜜棗、鳳梨釋迦或鳳梨，也有生產成本過高、海外市場競爭力不足的問題。

行筆到此，回顧歷史，不禁要問：哪一個政黨一直在削弱台灣的農民組織。以前青果社的策略是走「計劃產銷」，當時合作社與日本商社協商下一年的每月供應量時，青果社堅守自己有多少蕉農、預計生產多少公噸，能做到的數量才會答應對方。

但九十四年起取消香蕉產銷一元化制度後，原以為預期的「市場開放、更加蓬勃」等美好遠景，根本沒有實現，市場反而陷入惡性削價競爭，貿易商到產地收購時惡性加價，更嚴重的是許多貿易商尚未確保貨源數量和品質，便貿然答應日本買方，最終使得台蕉失去信用。

台蕉過去曾在日本市場風光半世紀，後來因品質不佳等問題失去市場，從最風光的一九六〇年代、單日可賣三十八公噸，跌到如今一年只剩三千多公噸。台蕉的落敗不是因為厄瓜多、菲律賓等國家競爭，而是自己人打敗自己人。

另外，農田水利會於一〇九年九月九日發布農田水利法實施，自十月一日起，全國的農田水利會改為公務機關並納入農委會農田水利署管理，原屬農民自行組織的農民團體——農田水利會自此走入歷史。

小農產業化及發展國際品牌策略

「國家隊」在小英政府執政後常被使用。台灣若要重振農產出口的「國家隊」，藉由農企業做為龍頭，再結合小農發展產業化，是一條可行的路。例如荷蘭和紐西蘭是典型的小農制國家，他們能成為全球領先的花卉與奇異果出口國，正是以組織、創新與差異化做為永續發展的動力。

荷紐國際級產銷模式台灣始終學不來

荷蘭花卉的耕地面積約八千多公頃（台灣約一萬二千公頃），但荷蘭的花卉貿易總值占世界花卉貿易總值的五十六％，花卉交易市場 Aalsmeer 的交易價格，決定了全球各地的價格。

當年我在農委會主委任內，請農糧處規劃在台中后里設置「國家花卉園區」，類似荷蘭Aalsmeer花卉市場，預計投資九億元開闢公共設施，連結后里、新社、埔里、彰化等花卉產區成為花卉專業區。同時預計將種苗繁殖場改為國家花卉研究所，並以清泉崗國際機場為出口空港，品牌叫做3F（Flower From Formosa），就是希望能讓小農產業化加上國際品牌，帶著台灣花卉產業大步前進國際。

當年所有的規劃都已完成，最後因台灣花卉外銷協會的反對及政黨輪替而胎死腹中，十分可惜。

現在，台灣花卉產業發展仍停留在打帶跑的小農企業經營，艱辛萬分。其實后里國際花博會的展區十分遼闊，地形變化多，且多為台糖的土地，很值得開發成為國際知名的花卉專業區。

紐西蘭奇異果創造了世界農業的奇蹟。紐西蘭奇異果全國的種植農家約一千五百戶，平均每戶種植面積五公頃左右，約七千五百公頃（台灣香蕉一萬四千公頃、蓮霧八千多公頃）。但它採用全球布局的策略，在北半球義大利、韓國、中國，在南半球智利種植生產，以全年供應世界各國，因此紐西蘭的奇異果貿易量在國際市場占有率超過三〇%。

紐西蘭在二十世紀中期，因生產過剩影響，奇異果出口海外遭到嚴重殺價剝削，但果農團結成立國際行銷公司，建立品牌，投入品種改良、契約種植、運輸配售和市場調查與行銷國際，展現全盤的戰略規劃與布局。

很多國家都羨慕紐西蘭的 Zespri 奇異果品牌，是由生產者組成農業合作社，荷蘭花卉市場也是由農民合作社組成，足以左右全球奇異果與花卉市場價格。但可惜這個目標推行起來困難重重，主要因台灣農民缺乏合作的文化。

台灣的水果國家隊應借鏡紐西蘭，先做好消費者導向的市場行銷，了解海外市場的消費者喜好與需求，例如金色奇異果就是因東北亞國家喜歡甜度高而育成的品種。如果台灣國家隊的思考模式只有生產者導向，那麼再多的國家資源投入，也只會事倍功半。

台灣現今最大的水果出口市場是中國大陸，但多數水果的輸出都沒有達到經濟規模，而且台灣並沒有像紐西蘭一樣全力扶持某一種水果產業的政策。因此，從政府到民間都必須重新檢討思考，最適合出口的台灣水果是什麼？我們不能空有國家隊的名號，卻找不到適合的產品去攻占海外市場。

再者，我們的外銷重點應先調節和設定目標市場，貿易商先盤點自己有多少合作的農民、多少面積和產量，再談後端銷售。

以小地主大企業，成立國際級農企業公司

在WTO自由貿易的架構下，政府已無法出手干預單一農產僅限由單一外銷窗口，但民間貿易商和農民可組織起來，以公司或合作社模式團結和分工，才有競爭力。

基此，政府可輔導成立不同類型的國際級農企業公司，藉公司的形式集中資源，改進果園到市場的生產與行銷系統，用品質差異化來解決與東南亞國家的成本差異問題。

近年，農委會為拓展農產品外銷市場，聯合各級農漁會，建構全國性農產品行銷網，進一步發展成國際貿易公司。在民國一〇五年新政府一上任，就由台肥公司邀集以外銷為導向的企業及法人入資，設立「台灣國際農業開發股份有限公司」（簡稱台農發）。

台農發定位為貿易公司，但無法掌握貨源，一直處於虧損狀態，慘澹經營。其實與其成立新的公司，不如運用現有的台糖公司，把龐大的國營事業恢復原有的農業本色，才是解

決台糖困境與讓台灣農業轉型的契機。

具體言之，就是將「台灣糖業公司」轉型為民營「台灣國際農業產銷公司」（簡稱台農公司），主管機關從經濟部轉移到農委會，把台糖轉型成為台灣農民利益共同體的大企業，讓台灣農業以「小地主與大企業生產契作」為主軸，經營成為全球性的企業。

建立了「台灣農產國際產銷公司」的大企業後，即可建立品牌，行銷全球，把台灣農業成為全球性的企業。為防止農地炒作，可將現有台糖土地劃為「優良農業區」，不得變更，做為農產生產基地與環境綠帶，以全球布局策略，擺脫家庭農場經營的宿命。

為全年供應全球超市上架，這個全新的台農公司應在全球各地（包括南北半球）建立供應據點，派遣農業技師到全球各地，輔導契約農民生產優質產品，將各種不同加工層次商品，以台農品牌供應全球市場。

台農公司以台灣為研發基地，與國內外農業研究單位策略聯盟，以吸收國外大學和競爭者新研究成果，快速研發新品種與新產品，在世界各地契約生產公司所需產品，行銷全世界。

台灣現有小農更可與台農公司契約生產公司需要的農產品，成為台農衛星農場（OEM場），與台農公司互蒙全球化的好處。

另一小農與企業間契作生產的成功案例是台灣的稻米產業。農糧署自九十四年起輔導具品牌及行銷能力的糧食業者與農民契作生產，結合產業鏈生產、倉儲、加工及銷售等環節，推動產銷一元化，並由政府輔導導入各項安全驗證，以品牌的差異化商品進入市場。

全台目前建置七十七處稻米產銷契作集團產區，共計九八〇七名農友參與契作，全年二期作契作土地面積共二．七一萬公頃，並導入產銷履歷驗證，迄今已有四十四家取得產銷履歷驗證，驗證農地一萬二二九六公頃，全年二期作驗證累計面積達二萬一七二二公頃，占集團產區契作土地面積八成以上，凸顯稻米產區及品牌特色，也提升了銷售競爭力。

有了稻米的成功範例，未來配合國土計畫農業發展區域劃設，其他產業如柑橘、蓮霧、芒果等，都宜以品牌企業為龍頭，以契作生產方式，讓作物生產專業區與集團化，發揮規模經濟，達到保護優良農地、維護農業生態和永續發展的目標。

果蔬加工產業以區域性發展六級產業模式

日本多年前推動六級產業，其成功的經驗為台灣帶來憧憬。台灣食品企業具有極大的適應力與轉化力，過去曾在經濟發展過程中賺取外匯，如蘆筍、洋菇、鳳梨罐頭等。未來可在此關鍵優勢基礎上，以台灣獨特的資源，利用全球資源槓桿，進行產品的創新與加值，是活化科技與產業體系的重要策略。

水果加工產業，顧名思義就是以生鮮水果為原料，經加工後成為果汁、果乾、果粒及萃取成精油等產品。如何供應穩定、價廉、無毒之原料，是確保加工產品永續經營之關鍵。農產品生產具有季節性，台灣水果加工廠要增加競爭力，必須多角化經營，生產多元化的產品；因此台灣食品或水果加工廠不能只靠國產原料，還須仰賴進口原料，才能維持工廠的生產線的全程營運，穩定供應國內外市場。

農委會的初級加工制度若要幫助農民創造收益，對加工業者也要有誘因，讓加工業者（企業）願意和農民合作，達到1×2×3的六級效益。

在各種農產加工類型中，水果加工廠是很常見的一種。我曾拜訪過位在台南官田的果乾製造商宏宇公司，該公司有三間廠房，一百多名全職員工，年營業額保守估計一．二億元，每年有三○％的成長率。

宏宇的產品以冷凍及熱風脫水農產加工品為主，能把果乾水分控制於三％至四％，讓產品保存原有食材風味，兩岸政商界都想借助宏宇的技術，開發農產品加工產業。該公司的產品外銷占三〇％，美、加、日、中及港等國家為大宗；內銷占七〇％，主要是傳統市場和專賣店，其中伴手禮占四〇％。

宏宇產品使用二、三十種蔬果，負責人張先生獨自研發出一百多種脫水農產品，原料以收購國內生產過剩的水果與蔬菜，再加工乾燥成果乾，包括鳳梨乾、芭樂乾、香菇乾、長豆乾、柚子皮乾等。

宏宇的生產加工是以「台南官田宏美農產生產加工合作社」進行，但受限於水果具季節性和台灣小農結構，國產農產品原料較少，且不穩定，只能採用少量多樣的加工模式。另外並從國外引進部分原料，以維持產量穩定。

換言之，該公司屬於「生產導向」的加工模式，以農產品收穫量來決定加工產品量，無法採「消費者導向」來生產消費者最愛、最暢銷的產品。

但使用進口農產原料的草莓、蘋果等果乾產品，卻是另一番風景。

為維持產線終年生產，宏宇向進口商購買美國的五爪蘋果、藍莓、小紅莓、草莓等原料，製造蘋果片、草莓乾、小紅莓乾等果乾。張先生告訴我，宏宇三分之二的草莓原物料是國外進口，生鮮蘋果（五爪品種）及藍莓、小紅莓等，更是一〇〇％由美國進口。

張先生說，草莓原料在產地初加工，製成糖漬草莓後進口台灣，原本每公斤不到六十元的次級品經過精製後，以「台灣一番」品牌出售，每公斤售價達二百元，扣除其他成本後，還有三十五％以上的利潤。

再以銷量最佳的蘋果乾為例，宏宇向貿易商購買美國的生鮮五爪蘋果，進口價一公斤五十元，六公斤生鮮蘋果可製成一公斤蘋果脆片，一年採用進口蘋果量約一百公噸左右，因帶皮做片，風味佳，賣相好，蘋果乾售價一公斤約四百元，利潤很可觀。

相對比較下，張先生說，宏宇雖也收購柚子等台灣農產品加工，柚子皮可以製成柚皮蜜餞，果肉製成各種風味的柚子乾、八蔘果等，但一直有著生鮮柚子供應量不足的困境。

面對貿易自由化和自身經營的壓力，張先生說，他很希望政府可以提供進口農產原料低關稅的優惠，協助企業維持原料的穩定供應，讓企業的加工規模擴大，達到規模經濟，並與農委會推動的「農產初級加工制」，所增設農產的「初級加工場」進行行銷契作，收購農民的原料或初級加工品，達成以市場為導向的目標。

進口農產原物料是六級產業成功的關鍵

首先看看日本的六級產業經驗。日本政府深知，一旦本土農業衰退，會造成農產品原物料不足，六級產業將無法實現，可能成為0×2×3=0的結果。因此，日本積極由農協輔導地區產品的品牌化，農林水產省也在二〇一三年八月制定農水品及食品的「出口ＦＢＩ策略」。

ＦＢＩ來自於Made From Japan, Made By Japan和Made In Japan。

其中Made from Japan的策略，是希望日本食材被視為「高級食材」，能廣泛應用於國際料理界，例如柚子和干貝。Made by Japan是將日本的食文化和食品產業推展至其他國家。Made in Japan則是將日本的農林水產品和食品（如醬油等）推展到海外。

Made by Japan和Made in Japan是指由日本加工製造，但食材不一定使用日本產的農產品。因為如前所述，當本土農產品原物料不足時，如果不使用進口農產，六級產業根本無從實現，

例如果汁，日本農林水產省調查，日本食品廠商的大部份食材來自外國產品，九十％的

蘋果飲料業採用進口蘋果濃縮果汁，主要來自中國、澳洲、智利和巴西。

二〇一〇年消費者廳的統計顯示，日本國內流通的果汁約四十萬噸，其中國產果汁是進口果汁的二至三倍，都是從國外進口大量濃縮果汁，之後再於日本國內稀釋、調合製成。

日本以設農業特區發展六級產業

為振興經濟，日本政府二〇一三年公布六個國家戰略特區（簡稱特區），特區即為自由經濟示範區，其中有二處農業特區，分別是新潟縣新潟市和兵庫縣養父市，做為大規模農業改革的據點。日本政府欲藉兩處農業特區解決農業人口老化、休耕面積過多及農業規模過小的問題，並達到三大目標：增加農林水產和食品出口額、增加農地利用面積、減少稻米生產成本。

日本農業特區的農工商合作模式，是利用行政區域來辦理六級產業，把農企業、企業家引進指定的農業特區，讓農民的農產品加工、行銷的附加價值，留在農民所組成的公司，也就是俗話所說的「肥水不落外人田」，如此才能增加農民所得。

這是一個迥異於台灣的重要觀念和做法。日本的企業家、法人絕對不能買農地，也不可以在農地蓋工廠，所以才會用特定的農業區，讓企業家進駐之後結合農業，發展加工及餐飲等第三級產業，協助當地的農業變成六級產業，把附加價值都留在養父和新潟，提升農民的所得。

以日本養父市特區與新鮮組股份有限公司（簡稱「新鮮組」）的合作為例，便達到六級產業化目的。兩者的合作方式，是成立「新農業法人」，並透過信用保證協會籌得資金。

新鮮組公司是零售業，主要業務包括便利商店事業、外食業和便當及販賣家庭菜，在「新農業法人」的合作模式中，新鮮組扮演提出建言、指導和出資的角色，由新農業法人來做地區性農產品的生產和加工。

日本能，台灣就能嗎？

有了日本成功的經驗在先，六級產業化盛行的年代，人人總是想著：既然一級的生鮮農產不好賣，那就來發展二級加工，彷彿農產加工搭配行銷包裝，就能解決農業的一切煩惱。

這正是台灣社會、政府與農民的盲點，尤其農委會更為「初級加工制度」勾勒了美好的願景，期待農產加工搭配行銷包裝，大舉增加農民收益。

但農產加工並不是那麼簡單，台灣農業多為小農形態，加工對小農而言費時費力。再者農民投入加工前，不能只看眼前的產量，必須先規畫中、長期的農作生產計畫，並根據市場消費者的需求，擬定加工品的行銷企畫方案，再來思考該投資加工設備還是尋求代工。

考慮了這麼多之後，台灣農產可能輕易地和企業合作，做到日本的六級產業嗎？農委會推動的農產品初級加工場制度，又真能促進台灣農產加值，創造更多利潤和收益嗎？

另一個前提是，台灣有沒有「農業特區」？政府想效法日本在產地推動初級加工，但日本有農業特區，在特區內集中輔導農企業和加工廠，但台灣把初級加工廠分散在各地，最後恐怕只會造成農地再度陷入亂蓋加工廠的泥淖，反而成為另一次農地浩劫。

當然，在地方價值、風土經濟重振旗鼓的今日，農產加工串連了產業的新與舊，為地域共好、城鄉共生創造了更多可能。未來在地域振興的道路上，農政單位要協助農產加工產業，先做好通盤規畫與田野調查，更要強化加工體系的專業分工與產業鏈整合，建立更合適的市場區隔和品牌經營策略，才能真正促進農村在地經濟的共生共榮。

以科技農業創新突破小農限制

二十一世紀的今日，農業已是高技術產業，台灣農業發展必須以資訊科技結合生物科技，轉型為資本與技術密集型產業，如何開發技術創造商機，將是農業未來的挑戰。

台灣農業經營規模偏小，政府應盡速改善與輔導小農經營主體，如產銷班、合作社、社會企業等策略，創造環境條件，符合成本效益的商業運作，否則智慧科技將難以推展在農業運用上。同時在「品種創新」與「製程創新」後，更要配合「制度創新」，妥善設計利益共享的機制，否則創新的效益將大打折扣。

台灣的ＩＣＴ、生醫、農業科技在國際上是居於領先地位。ＩＣＴ已經高度的國際化，使得該產業快速發展，聞名國際，ＩＣＴ產品占有極大的國際市場份額。至於生醫產業，目前政府及民間正積極運用醫學中心及資本市場，朝國際化的方向發展，讓台灣成為亞太生醫研究產業的重鎮。

台灣農業部門如何發展前瞻性農業科技創新與國際化是不可迴避，且必須加速發展的課題。台灣屬小農經濟體系，面臨氣候變遷加劇、人口老化、水土資源競用、農產品產銷與食品安全等課題。

設計一套產業鏈與價值鏈結合且合理分配的共享經濟，將是科技創新能否落實於農業的重要課題，農業科技要結合產銷技術的創新，加速產業轉型升級。

利用科技，打造農產品全新商業模式

幾年前我參加由大眾教育基金會董事長簡明仁倡議的「正道農業-農民希望工程」成果發表會，該基金會投資的生技公司，結合農業試驗單位與科技大學，成功研發兼具食療養生及美味的頂級菇蕈「香檳茸」。

發表會上沒有戴斗笠的農民，只見專業栽培師侃侃而談，與多位社會菁英併肩而坐。「香檳茸」獨特的滋味，讓五星級飯店及金字塔尖端的顧客驚豔，帶動了台南地區小農參與無毒農業的生產，也保障他們穩定的收入。

這正是科技產業把科技界常見的創新商業模式帶進農業，有效改善農村凋零、食安危機等問題。

此一模式成功的因素很多。第一先是配合環保與健康意識；香檳茸富含多醣體，又是台灣研發、在地種植的食材，可縮短碳足跡，加上農民種植過程緊守「正道」原則，產品純淨安全，採收後創下一公斤五千元的高價，下腳料當飼料飼養的香檳雞蛋，一顆要價一歐元。

更有甚者，該生技公司以社會企業的做法，雇用失業或低收入的小農來種植香檳茸，提供就業機會，小農除了可領取薪資，也可根據各自的採收成果分得利潤，為他們創造了「希望工程」。

由此看出科技產業業者勇於創新，顛覆傳統，用科技方法發掘農產品新價值，為農民帶來契機，經營理念也是領導顧客而不追隨顧客，進入高價位市場，發掘並滿足潛在的消費者。

高等農業人才培育面臨困境

科技業的發達已影響所有的產業，農業成為各國重點發展的高技術產業之一，台灣的政府部門也有各種獎勵措施，產、官、學界紛紛投入技術研發行列。

台灣科技研究經費與農業科技研究經費近年雖有增加趨勢，但農業科技研究經費占台灣科技研究經費的百分比逐漸下降。另一方面，台灣科技研究人力雖增加，但農業科技研究人力呈現增加後減少的趨勢。

同樣的，台灣農業就業人口快速減少，耕地占總面積的百分比也不斷下降，農業資本占總投資資本的百分比，更從民國七十五年的二．一四%減少至今已低於一%，再加上農業貿易逆差逐年擴大，也顯示農業競爭力不如過去。

農業科技研發成果對農業生產力的貢獻也減弱。台灣農業科技發展成果在SCI收錄的論文篇數逐年增加，在美國獲得專利核准數前五名的國家依序為美國、日本、德國、中華民國與南韓，台灣雖排名世界第四，但實際被引進產業的專利數遠遠落後韓國與日本。

綜合以上現象和數據顯示，雖然台灣的農業研究論文數、政府經費和專利數都增加，但相對地，農業成長下降，貿易逆差上升，顯然科技對農業發展的貢獻有限，並未帶動資本密集和技術密集的產業成長。

換言之，有關土地的制度性創新、研究機關論文研究方向與技術的實用化，未來都有待加強。

農業勞動力日益減少，因而衍生農業缺工問題是另一個隱憂。政府應盡快透過擴大所有技術團、專業團、機械團，國內大專生及僑外生、外國青年度假打工等方式，填補農業人力的缺口，同時調整產業結構，推動農機代耕服務、智慧農業等節省勞動力需求的措施，才能有效解決農業缺工問題。

台灣科技研發最大問題出在文化

台灣科技研發的另一個隱憂，來自人與文化。

民國一〇六年我擔任行政院科技會報科技計畫首席評議專家時，行政院邀請前 Intel 實驗室副總裁暨執行總監、資深院士王文漢博士，與首席評議專家們座談，主題是「科技研發規劃、執行、與評量」。

王院士一破題就指出：台灣科技研發問題不在規劃，而是在文化的問題上，讓他驚訝與擔憂台灣的創新能量與環境。

當時，王院士回台已經一個多月，他發現台灣知名教授「好忙、好忙」，人人忙著提計畫，不是忙於執行計畫，更忙著開會、演講。王院士要見傑出教授討論研究時，教授總是會告訴他：「歡迎，但只能有三十分鐘，後面還有……」

他說，在Intel、IBM，以及Philip擔任研發部門主管時，他的同仁都在發呆、踱方步、喝咖啡……大家總在思考某一項最尖端的關鍵技術，想成為世界唯一，或是同行一直難以解決問題的答案，變成世界第一。

他看到台灣高層研發人員如此忙碌，想要找到驚天動地的創新題目，真是緣木求魚，因此陷入抽屜文化與Me2的泥淖中。

他說，成功的研發必須「心要大想」，像以色列一樣，敢於做夢，突破生活困境的創新；事要快成，應掌握先機，如果要快不成，盡快斷尾，不要浪費時間與金錢。

借鏡以色列，從沒有中創造需求

如何運用農業科技，不妨來看看以色列的做法。

在行政院科技會報擔任首席評議專家時，我曾有機會到歐洲及以色列訪問。以色列以農立國（一九四八年），人口有八五二萬，為世界唯一的猶太人占多數國家，其中七四．八％為猶太裔。第一任總理本古里昂體認到，既然國土三分之二是沙漠，要掌握自己的命運，就必須要活化沙漠，才能生存，「沙漠是我們命運之所繫」。

水資源缺乏是以色列的一大限制，本古里昂號召國民南下開墾，在沙漠廣鋪滴灌水管，徹底利用沙漠，積極發展精緻農業。他用科技解決一個又一個難題，把以色列成為農業大國，過去二十五年來，以色列農業生產更增加十七倍。

以色列農業奇蹟的成功關鍵，也在於產官學一體的整體配套措施。

由於區域政治現實與地理位置，猶太人已經面臨百年以上的糧食危機，必須追求極高糧食自給率，持續追求奇蹟式的行銷利益，發展高尖端農業技術，以維持農業的永續發展。

因此，以色列農業研究院的使命，是確保合理價格的新鮮健康農畜產品充足供應，並開發奇蹟式的農業生產科技，確保資源有效利用，且維持綠色生態體系的永續農業，同時推動人口密集鄉村發展區的發展模式，以確保農業經營的所得與就業。

以色列也靠後天努力，成為農業強國，在沙漠四十度的高溫下，用溫室及科技種出五彩蔬果及花卉，不僅自給自足，且出口歐美。

以色列的省水灌溉系統、有機栽培、生物科技、水產養殖、畜牧乳酪業、農產品出口策略與機制、農業外勞管理政策等方面，都值得台灣學習。台灣農業技術不見得比以色列差，卻不像他們那麼會整合。

而且，以色列很懂得用自己的核心技術，搭配其他國家技術，整合成一套解決方案賣出去。在 Google 搜尋農業的「total solution」（全方位解決方案），前幾頁都是以色列公司。整合技術是以色列的農業發展策略，他們賣農產品，更賣農業服務。以國一年農產品出口值約二十一億美元（約六二〇億台幣），農業科技出口值更高，達二十九億美元（約八六〇億台幣）。

近年許多歐美科技公司熱衷購買活力十足的以色列新創企業，做為重要技術的培育基地。這些外資企業買下以色列企業後，就在當地（主要是海法）設立研發中心。

以色列的農地政策也值得參考。農地採長子繼承，不准分割，以維持規模經濟來降低成本，並以栽種高價值農產品維持高利潤，以吸引年輕人繼續務農。國家則持續投入科技創新，從智慧農業整合農業生物經濟，智慧生產、數位服務等領域，讓年經人在最有效率及利潤最大化的誘因之下經營農業。唯一的政策補貼是災害保險的保費，以免災害或戰爭造成的損失，造成農民陷入財務調度的困境。

雙軌制農業研究體系，培養與吸納科技人才

科技發展是產業創新的原動力，農業科技人才的培育方向與數量，必須檢視台灣農業的需求，並考量國內外農業研發的進展，提供核心科技人才。

台灣的農業目前面臨高階研究人力斷層的難關。農委會規劃在改制為農業部時，將把原屬農委會直屬機關的各研究試驗單位，及各區農業改良場合併成為農業改良總場（總場設於台南），成為農業部的三級的附屬機構，然後將目前各區改良場成為農委會農業改良總場下的四級單位，對目前為直屬的試驗研究單位及改良場的研究人員士氣打擊甚大。

台灣農業經營可分為「土地型」農業及「資本型」農業。全球農業正快速轉型中，農業的轉型也已啟動，農企業將成為農業多樣化趨勢下重要的角色。台灣農業正介於「市場導向」與「創新導向」階段間。

目前我國科技人才培育，面臨著高等教育質量失衡，科技人才養成不符產業需求、科技教育的定位特色尚待與科技政策搭配，以及科技人才所需多元智能及國際競爭力有待提升等問題的挑戰。

面對國際競爭與知識經濟時代來臨，並考量台灣農業資源受限的現實，政府應考慮中央研究院院士會議的建言，建立「雙軌制」的農業研究體系。

第一軌是整合現有農委會農業試驗研究單位，強化為「行政法人國家農業試驗研究院（簡稱國農院）」，並恢復研究人員適用技術人員聘用條例，讓高級專業人員能投入研究行列，強化「土地型農業」技術的開發與推廣機制，協助小農及土地型農業轉型與提升競爭力。

農委會近年有許多生物科技專業的博士級研究人員不斷流失的趨勢，主要是被大學生物科技相關系所延攬挖角；另一方面，受到公務人員任用資格限制，農委會無法晉用高學歷研究人員，以致研究人員素質下降。

另一問題是農業科技研發與移轉機制未有效建立與統合，中下游農企業的研發與技轉能力薄弱，造成農業研究與產業發展脫節，先進的農業與生物科技無法有效技轉，使農業競爭力大幅喪失。因此，政府應加強培育新一代農業經營者，以結合技術與經營管理的農民學院，展開系統性訓練。

第二軌是針對「資本型與技術型農業」的發展，建立類似工業技術研究院、財務自主的「財團法人農業技術研究院」。主要功能著重在技術移轉接受者的獲利率與提高管理效能，加強農業與生物科技的前瞻尖端研發，使研究與國際同步，並貼近市場需求，加速科技研發成果產業化。

另要逐年提升科技研發經費占農委會總經費的比重，以發展知識型農產業，並整合跨部會合作，推動跨領域產業發展，結合農業與觀光、文創、健康等產業。

台灣農業科技發展方向

盱衡國內外產業科技的發展趨勢，台灣農業必須積極整合人機協同作業機械，建構GIS等空間資訊大數據，運用大數據（Big Data）、人工智慧（AI）、物聯網（IoT）等關鍵技術，建構智慧農業產銷與數位服務體系，提升農業整體生產效率與量能，建構全方位農業消費服務平台，提高消費者對農產品安全之信賴感。

根據資料，在二〇五〇年，地球表面的溫度將增加一．四至三攝氏度。由於氣候變遷，加上農業對生產環境的穩定性非常敏感，高溫將嚴重造成產業災情和經濟損失，威脅人類糧食安全問題。

因應未來面臨的環境，如何針對台灣重要動植物核心種原基因體資源的開發，結合次世代生物技術及表型體，建立快速育種平台，垂直整合完整之研發鏈與產業價值鏈，以提升新品種的開發速度與廣度，將是確保品種之優勢與農產品之穩定供應，以及台灣農漁畜種苗產業在國際市場競爭力的一大利器。

另外，以科技創新提高的農業價值如何合理分配，是技術能否深耕於產業的重要前提。換言之，以科技創新達到「品種創新」與「製程創新」後，假如沒有配合「制度創新」，妥善設計利益共享的機制，將限制科技創新效益的發揮。因此設計一套產業鏈與價值鏈結合與合理分配的共享經濟，將是科技創新能否落實對農民所得、農業效率、農村繁榮與生態平衡的永續農業重要課題。

雖然發展循環經濟是國際的趨勢，它可促進創新、就業、經濟發展。但台灣屬小農制度，農業廢棄物的利用，能否成為台灣農業新模式，相關單位必須審慎評估分析其經濟與財務可行性。

基此，台灣農業科技以應用農業生物經濟，克服環境趨勢挑戰，延續下世代產業為目標，成為安全無虞、無危害人類健康的新循環農業，且為人民生活幸福的永續農業。以推動智慧農業，藉由智慧生產、數位服務，提高生產效率；以技術創新、高生產效率、產業升級，來提高農產品的國際競爭。

推動智慧農業，翻轉農村

展望未來，資通訊技術應積極導入農業、尋求創新技術，來減緩環境改變等驅動因素，近來全球 Covid-19 疫情嚴峻，現有的農產品生產和供應鏈出現嚴重瓶頸，對於智慧農業而言，是挑戰，也是機會。

台灣的智慧農業要結合智慧生產、數位服務，透過智能生產與智慧化管理，突破小農單打獨鬥的困境，提升生產效率與量能，藉由巨量資訊解析技術，建構主動式全方位農業消費/服務平台，提高消費者對農產品安全的信賴感，提高生產率，讓產業升級。

智慧農業經過四年國家型計畫的推動，台灣已逐步推進農業智慧化管理，透過智慧科技應用，達到環境監控、品質控管、風險預警及控管、生產決策支援等功能，並藉由聯盟成立，目前已成立五個智農聯盟（毛豆、稻作、家禽、蔄苣、生乳），進行智慧化生產管理，提供生產決策支援等功能，擴大生產規模，共同解決生產問題，降低從農風險，達到穩定品質及產量，以保障農民收益。

智慧農業在偏鄉，創造奇蹟

例如蔄苣，就讓智慧農業成果在雲林縣麥寮鄉充分展現。當地的麥寮蔬菜生產合作社採訂單契約生產，建立智慧田間經營掌控能力，以組合七百位契作小農成立智慧蔄苣產銷專業區，落實計畫生產，創立「台灣生菜村」的品牌行銷，外銷日本市場，成功打響雲林結球萵苣知名度。

民國一〇七年秋，我曾親自拜訪過生菜村，那裡有二八七戶農戶，種植面積三百公頃，生菜村的靈魂人物之一是經理郭淑芬，在一〇二年獲選為傑出農民時才三十歲。她從小就是農家的女兒，父親二十多年前成立產銷班，帶著十個農戶，長時間摸索當地氣候、水質和土壤，最後選中萵苣為主要種植值物。

郭淑芬九十三年大學畢業後回到家鄉，把大學所學的成本會計及市場經濟原理，導入農業經營，她和兩個哥哥一起努力，致力研究台灣結球萵苣的品質與國際差異性，進行產品控管，先接單再生產，一步步成功拓展國外市場，後來更成立台灣第一個蔬菜冷鏈處理廠，讓台灣的萵苣賣到更多國家。

郭淑芬告訴我，台灣的農業絕對不能只靠傳統的方法經營，一定要結合智慧科技，才能走出全新的路。我還看到她的電腦裡全是各式各樣的種植面積、產量統計、檢驗表單、栽種時程等紀錄，當下非常感動，更深深覺得如果能有更多農民運用智慧農業，台灣的農業絕對有希望。

籌組智網聯盟，讓作物成長資訊數位化

在民國一〇四年，我串聯民間與學術界成立「財團法人全球生物產業科技發展基金會」做為橋樑，讓研究單位的研究成果轉化為田間技術，整合生物產業技術與資通訊技術市場，提昇農業價值鏈與永續經營。並發行《生物產業科技管理叢刊》，讓學者專家有發表有關農業科技管理理論文的園地。

台灣農業經營要將農業達到智慧化與數位化，還有很長的一段路要走，原因是台灣主要為小農經營且作物制度並不穩定，許多作物沒有成長過程的生理資料。

台灣農業應該要以科技加值來提升產品產業價值鏈的附加價值，加強異業同盟，把作物生長過程的所有資訊數位化，是走向智慧農業的基本條件。

因此，施振榮先生邀請全球生物產業科技發展基金會與四家業者，共同發動成立「智網聯盟（BeingNet）」，因不同產業有各自的經驗和優勢，應把「打群架」的觀念應用在跨產業的領域，有效建立與統合農業科技研發與移轉機制，強化中下游農企業的研發與技轉能力，讓農業研究與產業發展結合，讓農業與生物科技有效技轉，提升農業競爭力。

展望未來，農業科技與工業科技及資通訊科技進一步結合，自產品開發、改良、生產、管理，以至於行銷，都將因科技與資訊的高度發展而有結構性的變革，成為創造產業優勢的主要動力。農業依賴農地而存在，農業經營者更要有技術、有資金、有管理理念，農業才能企業化、科技化、現代化。

但是農民對新科技的認知尚待加強，農業/工業的領域本位思維、智農設備/系統價位偏高、既有產銷體系轉型不易等，都造成農業科技推動的障礙。因此，尋求創新技術來減緩環境變遷對農業的衝擊，政府導入現代農業科技政策是必須的。

第五篇

臨危受命當救火員

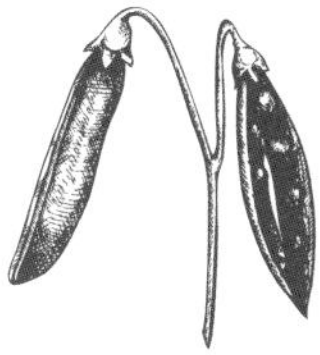

走私嚴重，成為社會治安嚴重負擔

民國八十六年三月，台灣發生第一起口蹄疫，短短一個多月內疫情快速爆發，襲捲台灣，養豬產業瞬間急凍，全台聞豬色變。多年來台灣一直是非口蹄疫疫區，當豬隻口蹄疫發生時，相關單位缺乏經驗，應變措施可說是「摸著石頭過河」，在邊做邊學中進行，以致於未能及時抑制疫情的擴散，這個從日據時代就已絕跡的動物傳染病，剎時之間，如同水銀瀉地般侵入全台各個養豬場。

台灣在七十六年七月十五日宣布解嚴，解除黨禁與報禁，為台灣民主政治發展開啟了大門，孕育出當今台灣能和平安定的政黨輪替，與言論自由的民主國家。但解嚴後，海防安全事務由軍方（警總）改為警方（海上警察隊）執法。由於銜接海防的警力不足、權責機關不一、聯合緝私缺乏協調等，致使海防漏洞百出，大陸走私漁獲、小豬、黑槍、毒品和偷渡問題急遽惡化，成為社會治安沉重負擔。

走私農漁產，點燃口蹄疫火藥庫

由於海防機關人力不足，加上漁船走私農漁產品不予取締起訴，嚴重影響農漁民生計，農委會當年曾多次去函相關單位，希能加強取締漁船走私農漁產品，但相關機關總認為槍枝、毒品、人蛇集團都取締不完，實在沒有多餘人力來處理農漁產品的走私問題。

不幸地，坐視走私終於帶來了噩夢，八十六年三月，因有人自福建走私豬隻到新竹（中國是當時全球唯一爆發口蹄疫的國家），帶進了病毒，點燃台灣口蹄疫的火藥庫。

台灣在瞬間成為口蹄疫疫區，除了全台撲殺近四百萬頭的豬隻，造成即時的慘重損失之外，更有許多無形的、後續的損失難以估計。

首當其衝的，是每年十六億元美金的外銷豬肉產值付諸流水，失去外銷市場嚴重影響養豬業者的生計，整體損失推估約台幣一千七百億元。養豬戶陷入前所未有的危機及噩夢，業者唯恐自家的豬隻遭受感染，雖然採取一連串的防範措施，卻不知道效果如何，疫情何時得以控制，內外的壓力無以復加。

在經濟重創之外，台灣大眾的精神也備受考驗，一般的民生生活大受影響。由於發病豬場的豬隻必須全場撲殺，民眾們在媒體新聞的畫面中，一再看到赤裸裸的殺戮鏡頭，人人談豬色變，生活於口蹄疫的陰影中，一度陷入「豬肉吃不得」的深深恐懼中。

以「口蹄疫龍捲風」來形容當時疫情的狀況一點也不為過，它不僅如同龍捲風捲走上百萬頭豬隻的生命，更不費吹灰之力，毀掉養豬業者的畢生心血。

台灣解嚴後受害最大的產業——養豬業

台灣曾是養豬王國，在民國七十八年，台灣的毛豬生產值已超過稻米，躍居為農畜產品產值的第一位，也成為台灣重要的出口農畜產品；民國八十五年畜牧業產值為一四九三億元，約占農業總產值的三十五．五％，豬肉出口量更高達二十七萬公噸。

但短短一年不到的口蹄疫風暴，對台灣畜牧業造成重大傷害，外銷受阻，內需市場萎縮，豬價巨幅崩盤……，在重重陰影和慘烈狀況之下，即使後來疫情稍獲控制，當時的農委會主委邱茂英先生為了展現對此風暴的責任與擔當，毅然決然請辭主委的職務獲准。

但他請辭後，接任的人選是誰？也成了當時媒體追逐的熱門新聞。

在農學院長辦公室一通緊急電話

我於民國八十五年八月一日接任中興大學農學院院長。隔年三月二十日口蹄疫爆發當天，我立刻邀集當時獸醫系主任劉正義教授及馮翰鵬教授到院長室，簡報有關感染口蹄疫病毒後豬隻有何症狀。劉主任拿了一本泛黃的日文教科書，其中有張口蹄疫病豬症狀的照片，看起來有點像水泡症，因為口蹄疫是從日據時代就已絕跡的動物傳染病，他從年輕時讀獸醫系以來，都從未見過。

口蹄疫是一種惡性傳染病，可透過空氣、口沫傳播，染病豬隻的口鼻、蹄趾、乳房等部位會產生水泡糜爛，裂蹄、掉蹄，雖然人不會得病，但病毒可在人的鼻腔或咽喉存活四十八小時，再次傳播給豬隻，世界各國一旦發生口蹄疫無不如臨大敵，因此國際上早已把口蹄疫列為重大動物傳染病。

兩位教授建議，農學院召開記者會宣布，中興大學獸醫系師生們將組成志工隊，加入搶救口蹄疫疫情的行列，支援農委會畜牧處的防疫工作；尤其當時的畜牧處處長謝快樂原是中興大學的獸醫系教授，大約半年前我剛接任院長時，同意農委會借調他。

農委會在三月十九日正式宣布疫情，隔天已有十個縣市，共二十八個豬場爆出口蹄疫，五月二日，除了養豬頭數較少的基隆市、台北市，以及有地理區隔的澎湖、金門、馬祖，其他縣市全部淪陷，各縣市防疫單位的撲殺與掩埋工作人力已嚴重不足。

因此，李總統隨即協調國防部，派出了大量國軍投入撲殺掩埋的任務，獸醫系師生也因為養豬場為了防疫而封場，一時無法參與實際的防疫行列。

疫情發生後一個多月，記得是五月十日星期六上午八點半左右，我在農學院院長室，正準備要到行政大樓參加校務會議，突然接到副總統兼行政院長連戰先生辦公室打來的緊急電話，希望我能用最快的方式從台中趕到台北行政院院長室，連院長有事商量。

當時台灣還沒有高鐵，搭乘最快的自強號火車，或是從水湳機場搭飛機，到台北也將是下午了。於是院長辦公室的科長說：「我們約下午兩點，院長在辦公室等你，並請由行政院後門進入，因為忠孝東路大門口有許多記者在守候人事案。」科長也約略暗示連院長要我出任農委會主委一職。

於是，我向中興大學黃東熊校長請假，由農學院祕書彭錦樵教授代理去開校務會議，我則到水湳機場搭華信航空的小飛機到松山機場。一整個上午，心中總是忐忑不安！

在行政院長辦公室連先生的請託

下午一點半左右，我抵達行政院天津街後門，院長室科長在門口接我到二樓院長會客室。由於我過去和連先生並不熟悉，在會客室等待時，還真的有點緊張。

兩點整，我步入院長辦公室。

連院長親自站在門口寒暄，並說臨時請我來台北不好意思。坐定後，他馬上說明找我來的用意，因為邱茂英主委負起政治責任請辭獲准，經多方諮詢後獲得的共同看法是由我出任農委會主任委員最為適宜，因為我過去曾在農復會、農發會、農委會服務過，表現傑出，現在又擔任中興大學農學院院長，應該足以擔任此一職務。

我馬上回覆連院長說，雖然我研究所畢業後、出國留學前，曾在農復會任職過，回國後也繼續在農發會擔任企劃組組長，但是對我來說，一向以「哪裡書多就往哪裡上班」為原則，因此從民國七十四年回中興大學教書以來，並不曾有再返回農政單位任職的生涯規劃。

面對連先生的盛情邀請，我在院長室，連續四次提出自己不是最適任的人選，一來因為自己的家庭在台中，二來是以往的工作經驗恐無法應付立法委員的質詢，更重要的是我去年剛選上農學院院長，只擔任院長七個月就臨危受命離開中興大學去擔任主委，有失當初競選時對農學院師生的承諾。

但連院長仍不斷鼓勵我，還提出了農委會的工作重點包括：盡速控制口蹄疫情、推動農發條例的修正案、農會信用部的定位與會員恢復股份制、加入WTO的台美、台加雙邊談判與國際化議題、修憲後中央與縣市政府的分工合作機制等。

最後，連先生起身說：「現在國家需要你來幫忙，應該挺身而出。」至於住宿、院長職務等問題，他會請人事行政局陳庚金局長幫忙解決。

他還交代說，政務官的任命還需經過下星期三國民黨中常會通過，請暫時保密此項人事案。

離開行政院，剛坐上返回台中的火車，農學院院長室已經接到記者的電話，詢問我是否將接任農委會主委一職。

接下來的周末，我只好躲在家避避風頭，不接受訪問。整整三天，我台中的住家門外被記者團團圍住，因為媒體主管要求記者們一定要拍到我的畫面，否則不准離開。

事實上，台北媒體早已登出內定「中興大學農學院院長彭作奎將出任農委會主委」的消息，最後我只好配合台中市記者們的要求，讓他們拍個畫面，但不接受採訪，以便記者們可以回去休息。

接掌農委會後無蜜月期

在農委會大禮堂，踏入政壇的救火員

幾天後，國民黨中常會完成人事同意案，我就這樣子懷抱著救火員的心情踏入政壇，於八十六年五月十五日接任農委會主委，暫時住在來來飯店的十五樓，等候邱茂英主委搬出位在松江路的農委會主委官舍。

當時農業情勢極度混亂，毫無蜜月期，一上任就必須面對襲捲全台幾乎失控的口蹄疫風暴，加上已在談判中的加入世貿組織（WTO）市場開放壓力，以及農地政策調整等風暴。

每一件事情都影響著台灣未來百年的農業發展，我知道自己的責任艱鉅，心中更是誠惶誠恐！

在農委會禮堂接任主委的交接典禮上，當時負責監交的行政院政務委員涂德錡，在致詞時以幽默的口吻表示，希望我到任之後能「國泰民安、風調雨順、六畜興旺」。以當時口蹄疫肆虐，導致全台已撲殺超過百萬頭豬隻的狀況來說，「六畜興旺」無疑地是我施政初期最迫切、最首要目標。

從口蹄疫一爆發開始，李總統就十分關心防疫檢疫的問題。例如三月下旬協調國防部派國軍幫忙撲殺、掩埋病死豬，以及豬場清潔消毒等防疫工作。

由於當時漁船走私非常猖獗，我剛上任主委第三天，五月十八日便與李登輝總統、總統府黃昆輝祕書長、宋楚瑜省長、蕭萬長立法委員，一同出席由台灣省漁會在梧棲漁會舉辦的「全國漁業界反走私誓師活動」，呼籲漁船不要成為走私犯罪的工具。省漁業局也斥令所有漁船必須裝設衛星追蹤器，以掌握漁船航行路徑，嚴格取締走私行為。

當時大陸地區為多種重大動物疫病的疫區，依規定，動物及其產品皆禁止輸入，但由於兩岸農漁產品價差極大，且大陸當局視海上走私農產品為「小額貿易」，並未加以管制，等於變相鼓勵大陸農業產品走私進入台灣，造成防疫上的嚴重威脅。

直到後來成立農委會漁業署，全面加強查緝走私，除了加強漁船管理、防杜漁船及船員從事非漁業行為外，並多次協調財稅、警務、檢調等相關查緝機關加強動物及其產品的緝私工作，並建請主管機關及司法相關單位加重走私量刑及沒入走私工具。

做部會首長，李總統面授機宜

六天後，五月二十四日我又陪同李總統到桃園觀音鄉國豐養豬場視察口蹄疫防疫措施，李總統在座車上告訴我：「做為一位部會首長，在面對與處理危機時，能想到的危機要盡快全力解決與布局，再把其餘時間與資源去應對突發事件」。

換言之，李總統教我，要積極任事、提高警覺，洞察先機、防患於未然，以免事件持續擴大。就是現在很流行的一句話，超前部署。

由於口蹄疫在台灣已絕跡七十餘年，缺乏經驗，相關單位的應變措施可說是「摸著石頭過河」，當時家衛所的病毒診斷就是在邊做邊學中進行，疫情剛發生時，因診斷試劑有交叉反應，以致多診斷出一型，讓學界譁然，牽連多位首長遭到彈劾。

其中畜牧處處長謝快樂是我剛上任當農學院院長時，同意他借調到農委會當處長，沒想到七個月後，我剛上任主任委員，卻是批准他辭職回中興大學獸醫系。遺憾的是，因公懲會的解職議決，讓他無法立即順利回學校。

面對疫情，從檢疫、確認到撲殺的做法，在學術界掀起兩派論戰，對執行單位的確造成很大的困擾，所幸李總統定調，採取「全面施打疫苗與感染場豬隻全數撲殺」的策略，讓農委會的防治工作明確且更有說服力。李總統在桃園訪視時，聽取農委會報告防疫策略及國豐牧場防疫措施的簡報後，當場提出三點指示：

一、將國豐牧場口蹄疫處理的經過向國際說明，宣示台灣成為口蹄疫非疫區的決心。

二、養豬事業復養，必須要有環保、防疫及廢棄物處理能力做為核准的條件。

三、台灣養豬事業不可輕言放棄，三五年內以內銷為主，有效防治疾病後再談外銷問題。

政治洗禮第一步，高票當選國民黨中常委

我在學界多年，剛接掌農委會時，對政治非常陌生，只單純地想把農業工作做好，但後

來意外成為國民黨中常委，從此真正展開了步步驚心的政壇之旅。

八十六年六月下旬，剛上任主委一個多月，有一天幕僚報告說，國民黨區黨部通知，依慣例農委會主委都是國民黨中央委員，「希望彭主委能登記第十五屆全國黨代表會的黨代表候選人」。

雖在民國五十五年於成功嶺接受大專新生暑期受訓時集體入黨，但後來忙於學業和工作，鮮少參加知青黨部的活動，連小組長都沒當過。因此，我還一頭霧水的問幕僚：「什麼是黨代表？」

後來順利當選了中正區黨部代表，有資格參加中央委員的選舉。這是我平生第一次參加競選活動，配合黨部的安排，利用晚上或周末，到各縣市及各事業黨部向黨代表們拜票、拉票。

由於農委會的附屬單位很多，我雖是政壇新人，結果仍順利當選了第十五屆中央委員，在兩百三十位當選人裡，我的得票數居然排名在第二十六位，超過許多資深部會首長、民意大表及黨內大老，讓很多人跌破眼鏡。

沒有多久，八月二十七日晚上，我突然接到許舒博立委的電話，他私下告訴我，我被李主席提名，進入票選中央常務委員名單（按，當時國民黨中常委共三十三名，其中十六位為指定中常委，十七位票選中常委）。

中常委?!我十分驚訝，因為過去代表農業的中常委，都由台灣省農會理事長出任，從來不是農委會主委。

晚上十一點多，國民黨組工會許文志主任親自打電話給我，告知我已獲李主席提名為中常委候選人選。我馬上說：「我公務很忙，可不可以禮讓給其他先進同志？」

許主任很訝異，隨後半開玩笑地說：「人家都在爭取提名，主委你竟然說要禮讓？那你直接跟李主席講吧！」

第二天是全國黨代表大會的第一天，吳伯雄祕書長約了被提名的十七位候選人，一大早八點半要在世貿中心一樓集合，集體進場向中央委員介紹。但我恰巧因處理緊急案件而遲到，還接到吳祕書長打電話來催：「作奎，你真的不要選中常委了嗎？大家在等你啦！」

隔天八月二十九日的第一次大會，上午先通過第十屆總統、副總統國民黨提名人連戰與蕭萬長為候選人案。

中午休息時間舉行第三次中央委員全體會議，兩百三十位中央委員投票選舉中央常務委員。票選結果，我的得票數僅次於江丙坤、林澄枝、陳金讓，以第四高票當選中常委。其他十三位常委，依得票數分別為：趙守博、林豐正、胡志強、邱正雄、王志剛、王又曾、高清愿、劉兆玄、楊亭雲、李正宗、饒穎奇、黃主文及鄭美蘭。

我也獲聘為國民黨中央政策會的委員，當時的執行長是饒穎奇。

我是第一位擔任國民黨中常委的農委會主委，農業界非常高興，當時不少農業界人士告訴我：「自己的主委高票擔任中常委，就能代表農民在中央發聲！」

回想當時，才接任主任委不到四個月，就高票當選外界眼中「國民黨權力核心」的中常委，一介書生毫無預期走進了政治的叢林，真的是誠惶誠恐，如履薄冰。

兩年多後我辭去農委會主委回到中興大學教書，有一次中興大學管理學院請我到上海社科院給在上海開的EMBA班學生演講。當時是由EMBA學生、大潤發董事長特助朱惠光安排上課時的接送。

當我到貴賓休息室時，上海社科院院長的接待人員說，你是彭主委嗎？我說是的，他接著驚訝的說：「要是在大陸，以您做過中常委的經歷，是要請上海市委書記給您開車門的。」

我一聽就笑了，同樣是開車門，不禁想起曾在國民黨黨部旁仁愛路上，親眼看見「黨政大員」被民眾開車門追打的那一幕。

所謂的政壇高層，今日權貴，明日竄逃，黨政經歷對我來說，有如一場夢，我哪裡需要誰為我開車門呢？還是做個學者，最心安、踏實、自在！

全台豬隻施打疫苗，疫情終趨緩

在農業相關部門齊心努力下，透過緊急進口疫苗，全台豬隻逐步施打疫苗，口蹄疫的疫情漸獲控制，成效良好，疫情大約在五月下旬趨緩，最後一起案例是七月十六日。

總計短短四個月內，全台灣撲殺約三成的在養豬隻，共三八五萬七四六頭，毛豬批發價最低時，跌至每百公斤僅一千六百元，而當時生產成本每百公斤要四千元。但這只是官方數據，根據媒體報導和養豬戶口述，許多毛豬拍賣市場當時每百公斤曾一度跌破千元。

當時多次看到媒體報導國軍弟兄們及防疫人員撲殺、掩埋病死豬的血腥畫面，一想到這輩年輕人不曾在戰場上殺人見血，卻被要求以棍打、重摔、電擊，留下滿地的豬屍，帶走數百萬頭豬隻的生命，總是令我感到非常難過。

尤其是有些國軍殺到最後驚嚇過度，回營房後仍心中恐慌，晚上睡覺噩夢連連，許多阿兵哥罹患了創傷後壓力症候群（PTSD），口蹄疫成了他們心中永遠的傷痛。

有鑑於此，在我第一次主持跨部會「口蹄疫危機處理小組」會議時，就通過中止全場撲殺的政策指令，同時放寬讓公司行號養豬戶可申請紓困貸款的決定。

會中並決議接受有意復養的養豬戶申請登記，經過撲殺之後一個月消毒處理的「空欄期」，讓民眾可以盡快買進仔豬重新開始飼養，讓養豬業恢復正常，走出口蹄疫的陰影，以使國內養豬業再現生機。

鑑於例行性基礎防疫工作需要由嚴密的動物防疫體系來配合執行，農委會也同步加強推動「豬瘟及口蹄疫撲滅方案」，配合獸醫查核及教育宣導，落實豬隻全面防疫注射，以盡速清除臨床病例。

在全台各地防治所的配合下，口蹄疫在半年內獲得控制，市場交易慢慢恢復正常，達到短期內使台灣成為「使用疫苗非疫區」的目標。

動員修法，借兵遣將成立團隊

五大防疫法案一夜闖關成功

所謂「危機就是轉機」，口蹄疫爆發後，防堵疫病再度蔓延爆發，獲得全台政府與民間的最高重視，如何建構嚴密的疫情監控與全民防疫系統，以及杜絕動物產品走私進口、落實防疫檢疫制度，成為面對撲滅口蹄疫的重要課題。

疫情稍微紓緩後，我和農委會團隊檢討發現，農委會會內只有畜牧處的獸醫科與動物疾病防治有關（當時台灣尚未凍省，農林廳仍歸省府）。面對如此重大、且絕跡七十年的口蹄疫肆虐，農委會幾乎是手無寸鐵，事事必須求人，例如動植物檢疫屬經濟部、肉品衛生檢驗屬衛生署、海上查緝走私屬內政部。

因此，除了緊急控制疫情外，農政單位的組織、法令、制度等調整，均列為首要工作，亟需有專責機構來處理動植物的防疫檢疫工作。漁政管理機關位階也必須提升，負責查緝走私與規劃漁業發展政策與措施。

盱衡國際經驗，要全面消滅口蹄疫病毒的防疫工作將會是長期作戰，需要有專責機構處理動植物的防疫檢疫問題。於是我立即帶領同仁著手修正組織條例，要成立「動植物防疫檢疫局」，統一防疫檢疫事權，強化動物防疫體系，以使外來病毒引發疫情狀況降至最低。

另外，在爭取新設動植物防疫檢疫局與漁業署的同時，林業處陳溪洲處長也提出，農委會林業處與台灣省林務局合併成立行政院林業署的規畫。

但我與人事行政局陳庚金局長商討時，他認為整個政府正在精簡人事五％，農委會要一次成立三個新機關，恐怕會引起立委及社會的關注，因此陳局長建議先成立各界已有共識的防檢局與漁業署，至於林業署的設置則等精省後再議，以免影響急需的兩個新機關的審議，因此林業署未列入商討議題。

接下來，農委會很快的提出了「行政院農業委員會組織條例」修正案、「行政院農業委員會動植物防疫檢疫局組織條例」、「行政院農業委員會動植物防疫檢疫局所屬各分局組織通則」、「行政院農業委員會漁業署組織條例」及「畜牧法」等五項法案，行政院通過後送立法院審議。

為了加速立法，農委會相關同仁們費盡心力與立法委員溝通、協調，五月二十九日採整日緊迫釘人的方式，一天之內完成五個法案的黨政協商，並列入立法院院會議程。

最後關頭坐鎮立法院

當時反對黨也曾展開杯葛（要求逐條審議、表決），但執政的國民黨立委全力護航，農委會同仁更徹夜守在立法院的每個出口，拜託支持的立委千萬不要離席，以免表決時人數不足，功虧一簣。

我則在立法院院長休息室內，以紅酒、啤酒、花生、粽子等宵夜陪同立法委員繼續開會審查農委會法案，雖然當天議事多所延宕，波折備出，但在院長劉松藩主持下，五項法案終於凌晨三點全數三讀通過。

民國八十七年五月卅日凌晨三點，對農委會的組織架構及畜牧產業的發展來說，絕對是一個重要的歷史時刻。

這五項法案立法成功，奠定了「動植物防疫檢疫局」、「漁業署」及「國際合作處」的誕生，並為畜牧場登記及「中央畜產會」的成立確定法源，讓台灣畜牧產業的發展，能在法令規範下轉型成長。

長期的努力以及一整夜的奮鬥，我們終於迎著初升的太陽，完成立法，為台灣農業的發展立下里程碑。

這是台灣農業發展史上的大日子，正如立法委員陳文輝在「動植物防疫檢疫局」及「漁業署」成立典禮致詞時表示：「通過五個法案，在當時立法院紛亂的議事情況下，確屬『不可能完成的任務』，但農委會做到了，實在是因為農委會的團隊精神太令人感動。」

回想當年，我特別要感謝華陶窯窯主、新國家陣線召集人、立委陳文輝，當時立法院的議事規則是，各部會的法案由各黨團認養，進入黨團協商才能將法案排入議程，所以農委會特別拜託陳文輝立委爭取列入最後一天的議程，讓農委會法案被排入重要民生法案議程。

由於陳立委與劉松藩院長事先溝通，有審查完農委會法案後才能休會的默契，在會期最後一天的午夜三點多，在不分黨派的支持下全數通過後，劉院長隨即宣布休會，讓他十分感動，更讓我感恩。

重新出發，先建立新首長團隊

法案通過後，農委會於八十七年七月一日成立動物植物防疫檢疫局、漁業署及防檢局基隆、新竹、台中、高雄分局等六個新機關，讓動植物防疫檢疫事權統一，積極展開防疫與農業發展業務。

當年動物植物防疫檢疫局的籌備工作由主任祕書古德業為召集人，漁業署則由李健全副主委擔任召集人。法案通過後，我曾分別請古主祕和李副主委擔任第一任的防檢局長和漁業署長，但他們兩位都婉拒，因此兩個新單位必須另覓資深有經驗的專業人才來掌舵。兩個新成立單位的十三職等首長，對農委會是非常重要的職位。由於李總統曾在農復會與省政府任職，為了審慎起見，我進入總統府面見李總統，諮詢他對相關人選的看法與意見。

記得當時李總統見到我的第一句話就是：「你怎麼曉得要來問我人事任命的問題？」我回答說：「總統對農業界的同仁比較熟，希望聽聽總統府新任首長人選的看法與提示。」

他先問我的口袋名單，他再提供意見。當我說完我心目中的四位人選後，他反問：「怎麼沒有李健全副主委？」

我立刻回答：「李副主委沒有意願擔任漁業署署長。」李總統聽完後笑了笑，還揶揄說：「怎麼那麼傻？擔任機關首長有預算、人事權，可以落實自己的理想，當副主委沒權也沒錢，副首長還要看主官授權程度呢！」

我的口袋人選，李總統瞭若指掌

接下來更意外的是，我提出的四位人選，李總統竟瞭若指掌，還向我分析了四位人選的優缺點和經歷，如數家珍。

李總統說，他對胡興華很熟悉，「我當省主席時，有一次去澎湖考察，他是漁試所澎湖分所所長，簡報做得非常好，很有看法的一位幹部。」

至於另一位人選，李總統說：「我跟他爸爸很熟，從小看到大，他還年輕，可以再等等……」

至於防檢局長人選，我提出的人選之一是農委會李金龍技監。李總統思考了一下說：「他跟YS（蔣彥士先生）、孫明賢主委很熟，彬彬有禮、客客氣氣的一個人。」

李總統問我過去與李技監有無深交，我說：「他做過農委會主祕，為人謙和有禮，是我中興大學同屆同學，也是農復會與農發會同事，由於彼此先後出國留學，和他沒有太多私交。」

至於另一位人選，李總統的印象是：「一個很老實的客家人，研究做得很好，英文講得不錯，我們一起開過會，他不太多說話。」

最後李總統說：「主委，人選你自己決定吧！」但他暗示的人選和我的想法非常接近。

回到農委會後，約見李技監，告知農委會想借重他在農復會、農發會以及農委會的行政經驗，請他擔任第一任防檢局局長。他有點訝異，但表示願意全力以赴，接受這個艱鉅工作的挑戰。我也勉勵他，防檢局長是有如抱著瓦斯桶的救火隊長，非常辛苦，農委會會全力支持防檢局的各項防疫檢疫工作。

至於漁業署長一職，除了李健全外，我心中的第一人選就是當時省府農林廳副廳長胡興華，因為他擔任過分所長、省漁業局長，對於漁業研究與漁政都極為熟悉。

但因農林廳是省政府所屬機關，於是我專程親赴省長官舍，與宋楚瑜省長一起吃早餐，討論商調胡興華，宋省長欣然答應，並自豪地說：「我的省府團隊成員都不錯吧！」

第一任防檢局局長和漁業署署長就此定案，兩位首長八十七年七月一日宣誓就職。

向省府借將，新增一位副主委

農委會組織條例修正後，將新增一位副主委。當初心目中的人選是行政院第五組組長何美玥。

農委會是委員制的部會，委員是由相關單位副首長出任，如行政院、經濟部、經建會、內政部，與教育部等，定期參加農委會的委員會議。何美玥組長是代表行政院的委員，何組長是台大農化系畢業，曾擔任過工業局副局長，從不缺席農委會的委員會議，她在會議中對農業政策的見解非常深入，重要議題多能提出具體可行的建議，特別是對農發條例修正有獨特的看法。

因此我私下先徵詢她是否願意出任農委會副主委一職，她表示願意，但她說必須先取得上級長官同意。

於是，農委會接著上簽呈至行政院，推薦包括何組長在內的兩位副主委人選。但簽呈一直未獲回應，我再與行政院祕書長聯繫，他表示行政院極需像何組長這樣的人才，無法讓何組長離開行政院。（她在小英政府時，擔任過經建會副主委、經濟部長、經建會主委等職。）

後來台灣省政府陳武雄祕書長透過相關人士表示他有意願回農委會服務，我也認為陳祕書長擔任過農林廳廳長，與地方人脈關係深厚，又有口蹄疫防疫經驗，在農委會企劃處任職多年，是適當人選，當然表示歡迎。

我請他轉知陳祕書長要先向省府趙守博主席說明他個人的規劃。因為陳祕書長在八十七年十二月二十一日精省後，剛接受趙主席之邀擔任祕書長，恐不宜馬上挖角，以免得罪趙主席（我與趙、陳都是伊利諾大學校友）。

幾天後，與趙主席通電話，他認為陳祕書長在省府只做了幾個月就離開，的確會影響外界對省府的社會觀感，但基本上他尊重陳的意願。經協調後，簽請行政院同意，農委會正式向省政府商調，民國八十八年七月一日由陳武雄博士擔任新增的農委會副主委。

畜牧處處長從學術界找人才

農委會當時還有另一項重要的人事，就是畜牧處處長。

因為口蹄疫發生，再加上台灣加入WTO後禽畜產品必須開放進口，台灣的畜牧產業正臨極大的挑戰和變局，整個產業不但必須重振，產業結構更要重整，畜牧處處長是關鍵角色。

我來自學界，到農委會接掌主委時，完全沒有自己的人事班底，我用人的原則很單純，就是唯才適用，不論從農業部門、行政體系、省府團隊，只希望要為國家找到最好的人才。

因此，多方考量評估後，我決定向學術界借將，台大畜產學系教授陳保基是我心中的最佳人選之一。

因為陳保基曾在台灣省畜試所宜蘭分所擔任過系主任和分所長，具有公務人員任用資格，而且他和我同一屆獲得農發會傑出農業獎。他有著農業行政及研究單位服務經歷，在學術界也是傑出的教授，我有信心他可以為台灣的畜牧產業開創新局。

陳保基教授當時也是校長特別助理，六月底我親自打電話給台大校長陳維昭，說明有意借調陳保基教授，全力執行畜牧產業的調整工程。

當時我特別宴請陳維昭校長、農學院吳文希院長、陳保基教授及農學院系所主任，請教有關農業政策措施及未來合作事宜，席間談妥了陳保基借調農委會，台大的學者們更提供許多寶貴的意見給農委會參考，讓農委會與學術界建立了更友好的關係。

有了新的首長團隊，農委會多項新政策也從此展開。一年後，民國八十八年七月一日農委會配合「政府再造」工程，原台灣省政府所屬的農林漁牧等行政與研究、推廣機關等二十四個附屬機關，職員總數五千五百人全數改隸農委會編制，成為組織完整的農業行政、研究與推廣的部會級機關。

此外，為強化家畜衛生試驗所檢驗設備與系統，農委會補助家衛所兩億元籌建「國家動物傳染病檢驗實驗室」，於九十二年四月十四日落成啟用，讓家衛所可以承擔許多新出現人畜共通傳染病的環境與設備。

從哪裡跌倒，就從哪裡站起來

從防檢局、漁業署、畜牧處到副主委，各項主管人事都定案之後，農委會全新的主管團隊整裝待發，第一步，就是要協助養豬產業在困頓之後重新站起。

那時我和相關主管都深知，口蹄疫後的台灣養豬產業結構出現重大變化，推動建立內銷為主的市場，是必然趨勢；至於外銷方面，政府必須開拓熟食與加工品的出口管道，外銷廠商才能繼續維持生產線。

重啟外銷市場，養豬協會理事長拚到痛風

當時台灣生鮮豬肉外銷廠商與日本商社非常熟悉，農委會畜牧處和外銷廠商也不斷奔波

日本，希望即使生鮮豬肉受阻，但至少要重新打開熟食和加工品的外銷之門。

這段和日方交涉的過程非常辛苦，多年後陳保基處長回憶往事告訴我，有一次他陪外銷業者到日本洽談，當時的台灣電宰公會許欽松理事長為了和日本商社「駁感情」，喝酒喝到痛風發作，雙腿疼痛不已，最後只好坐輪椅搭上飛機回國。

在農委會畜牧處與防檢局的協助下，位於屏東縣的信功實業公司，努力執行日本有關肉品安全衛生的規範，並兩度安排日本農林水產省來台查廠，最後終於在八十七年取得日本農水省肉品加熱指定工廠的認證，成為口蹄疫之後第一家重返日本市場的台灣豬肉熟製品廠商，為台灣樹立楷模與標竿。

信功公司創立於民國七十四年，廠區占地一萬多坪，原本是屠宰、分切、加工一貫的生鮮豬肉工廠。設立之初是由董事長楊進光夫婦參考日本冷藏、冷凍肉品廠的設備和業流程，在屏東設廠，大量生產冷藏屠體外銷日本。

隔年楊進光在日本從醫的長子回台加入公司團隊，引進他在日學到的醫學專業，讓信功毛豬從成長、屠宰到製造的全部流程更加優化，更將醫院的病歷管理系統運用到毛豬成長流程，建立溯源履歷以及可追溯系統。

例如七十七年台灣豬隻爆發磺胺劑事件，信功公司一週之內便研發出可在二十五分鐘快速驗出五種磺胺劑和九種抗生素及抗菌劑的試劑。當時信功輸日總量曾占日本冷藏豬肉進口總量的五十五%。

口蹄疫發生之後，信功公司努力脫胎換骨，成功轉型生產熟食與加工肉品，我曾經親自參訪信功，印象最深刻的是場內的衛生維護、對契約農場的嚴格要求、豬肉的檢驗能力、降低肉品生菌數的控管能力等；豬隻繫留與人道驅趕、電宰設備與流程中的屠體衛生，更讓人深具信心。

信功加工肉品外銷日本迄今已有二十多年，不但研發各種安全美味的產品，更先後取得經濟部標準局ISO22000、CAS屠宰及加工「雙優級」廠、HACCP同等級認證，被譽為「肉品加工業的台積電」。

畜牧法成就畜牧產業永續發展

養豬產業是農業部門產值最高的產業，經不起再次重創的打擊，環顧全球各國，對抗口蹄疫的道路皆很漫長，當時畜牧獸醫界的共識是採取比較保守安全的全面施打疫苗與感染場豬隻全數撲殺策略，以先成為施打疫苗非疫區做為第一目標。

在政策上，農委會先完成「養豬產業白皮書」及「肉雞產業白皮書」，勾勒出未來產業發展的方向，並即時修正「農產品受進口損害救助辦法」，加速產業調整，提前辦理「養豬戶（場）與養雞戶（場）離牧計畫」，以提高畜產品市場競爭力。

也很慶幸畜牧法已於民國八十七年立法通過，不僅健全事權統一的畜禽屠宰管理制度，提昇管理效率，更賦予政府權力，輔導畜牧場設置污染防治設備，並推廣省工和減廢水的生產流程，落實污染防治。

同一時間，由於台灣處理口蹄疫的成效受到國際肯定，我應國際畜疫會（ＯＩＥ）之邀，由防檢局宋華聰主任祕書（時任ＯＩＥ行政委員）陪同，參加該會於一九九九年五月十七日舉行的第六十七屆年會，於開幕式與阿根廷、蘇丹、加拿大、法國等農業部長共同與會，代表亞洲會員國分享台灣口蹄疫防治經驗。

回顧擔任農委會主委這短短兩年期間，針對口蹄疫後主要的施政重點在政策調整、法規和組織變革、人才的培育與整合，奠定了民國一〇九年台灣終於恢復成「非疫區」的基礎工程。

挑戰不斷，加入GATT/WTO雙邊談判艱辛

台灣的畜牧業數十年來逐漸地轉型蛻變，從早年農村家庭的副業，成為現金資本和技術密集的大規模產業化經營，民國七十八年台灣的毛豬生產值躍居為農畜產品的第一位，八十五年畜牧業產值為一、四九三億元，出口二十七萬公噸。

口蹄疫發生後，民國八十六年的畜牧業總產值降至一、〇七三億元，仍占農業總產值的二十八％，養豬產值仍是農畜產品的第一位。

除了口蹄疫，毛豬產業接連面臨多次的政策風險，包括加入世界貿易組織（WTO），美國萊豬的無預警的開放等重大事件以及疫病的風險考驗，例如小豬下痢病，非洲豬瘟等的威脅。

其中，重返WTO是我在農委會任內的嚴峻考驗。當年加入WTO一直是政府重返國際社會的重要目標，談判的過程與結果備受各界關心，也是影響我國二十一世紀農業走向

的重要關鍵。

台灣是在一九九〇年一月一日以台澎金馬關稅領域的名稱向關稅暨貿易總協定（GATT）提出入會申請案，GATT理事會於一九九二年九月受理我國入會案，成立工作小組審查我國經貿體制，一九九五年世界貿易組織（WTO）取代GATT，申請入會案隨即改為加入WTO，我國政府從此與二十六個WTO會員國展開漫長艱辛的折衝協調。

中國大陸於一九八一年七月正式向關稅暨貿易總協定（GATT）祕書處提出恢復會籍的申請，「中國問題工作小組」一九八七年三月正式成立，有三十六個GATT締約成員要求與中共進行雙邊諮商，隨即展開長達十年的「復關」談判。

入會談判時間拖延如此之久，在GATT/WTO的歷史紀錄中，可說是絕無僅有。中共將入會談判過程不順利的責任，推給以美國為首的西方國家在談判時要價太高，無法接受。

一九九九年一月十七日中國外經貿部副部長龍永圖公開宣稱，中國必須加快入世的步伐，但這不表示中國要全面開放市場，因此一月二十七日美國政府再以超級三〇一條約威脅中國開放市場。雙方你來我往多時之後，直到同年四月十日，美國總統柯林頓與中國國務院總理朱鎔基終於發表聯合聲明，首次訂一九九九年為中國入世的共同目標。

力拚對岸，加速入關

中美的聯合聲明，對台灣加入WTO是很大的壓力，因為中國大陸如果比台灣早進入WTO，之後一定會抵制台灣入會。

當時我駐外單位與經濟部收到的情資更顯示，中國大陸的入世雙邊諮商已有重大突破。因此，李總統於民國八十六年七月，親自召集行政院經貿小組到總統府，聽取各部會有關入會雙邊諮商談判的進度，並指示各部會必須趕在中國大陸完成入世雙邊諮商談判前完成所有談判，台灣的進度絕不能落後於中國大陸。

會議中，先由蕭院長做總體簡報，接著各部會說明尚未完成的原因與困難，我代表農委會說明，表示農業雙邊諮商談判只剩下挪威、美國、加拿大及香港尚未完成。

挪威關心蜂蜜進口議題，我方並未允諾開放，因為養蜂影響農作物，特別是果樹授粉影響很大，希望以其他部門的產品取代。加拿大則關心基改菜籽油食用油議題，我方堅持基改產品必須標示。至於香港則是刻意延宕談判，純粹是政治目的，想做為阻止台灣比中國大陸早完成入會雙邊談判的籌碼，一九九七年香港回歸中國大陸後，即未再進行雙邊談判。

至於與美國的談判，最大衝擊來自美方要求開放雞肉與豬腹脇肉及內臟的進口，豬農與雞農反彈極大，希望行政院能對畜牧產業提出受進口損害部分與補償的經費。

我發言完後，李總統馬上說：「蕭院長都已承諾會全力協助農業談判遭遇的難題，你農委會怕甚麼？」

他最後在結論中指示，希望各部會在八十七年底完成各項雙邊諮商協議，提交到WTO多邊談判工作小組。

完成WTO農業諮商，迎接產業新挑戰

接下來的大半年，我國積極展開入會諮商，到八十七年二月二十日與美國結束入會諮商後，我國與二十六個會員進行的農業雙邊諮商已全部完成。

民國八十七年五月十八日至二十日，經濟部王部長志剛率領相關部會代表，參加WTO日內瓦第二屆部長會議，期間與瑞士、墨西哥、匈牙利及波蘭簽署雙邊協議。

接著由WTO多邊工作小組，歷經入會正式工作小組會議及非正式會議，審查我入會

議定書草案與工作小組報告，再經總理事會審議通過等等程序後，終於完成我入會程序。

中國大陸於二〇〇一年（民國九十年）十二月十一日成為世界貿易組織（WTO）第一四三個會員，台灣則於二〇〇二年（民國九十一年）一月一日，以「台澎金馬關稅領域」成為第一四四個會員。

加入WTO後，我國必須遵守相關規範及履行入會談判之承諾，農產品市場將更為開放，而為降低對農業的衝擊，我國與WTO會員進行入會諮商時，極力爭取以漸進方式來降低關稅、開放市場及減少補貼，讓國內產業有足夠之調適時間。

猶記當年，農業方面的入會談判內容非常複雜，大致的結果包括：農產品關稅減讓、四十一種農產品市場開放、稻米採限量進口之特殊處理方式等。而為降低加入WTO對國內產業的衝擊，調節產業結構，農委會在八十七年二月二十三日成立「加入WTO專案小組」，下設稻米、園藝、養豬、養雞、漁業等五個分組，邀請產、官、學各界代表，從產業、福利、建設、資源及法令等方面，全面重新檢討各類產業的對策，研擬完成後，便從當年六月下旬起，陸續下鄉展開全台一百多場的政策說明會。

農業自由化的因應

下鄉說明政策，險遭潑豬糞

開放豬肉進口，對國內畜產業難免造成衝擊，養豬產業更是重點，政府必須積極向豬農說明。我親自出席七月中旬在雲林的說明會，以表對豬農的關心與尊重。

當天早上，先到台南七股勘查黑面琵鷺保護區，結束勘查之後，準備搭車赴雲林參加十點舉行的養豬調整與離牧措施說明會，卻看見許多警察在我的座車旁神祕兮兮地討論事情。

原來是安全單位（八號分機）得到情資，有豬農攜帶豬糞尿準備在會場攻擊農委會主委。警方勸說我不要前往，以免受到攻擊。

但身為農委會主委，我不願逃避，堅持親自前往與豬農們溝通。

折騰大半天，最後決定請警察單位、畜牧處與台灣省養豬協會謝永輝理事長、雲林縣境內土庫、大埤、大屯、麥寮等養豬合作社理事主席等溝通，希望豬農們能理性交流溝通，我還是依原計畫前往。

到達會場時已是中午時分，大約有上百位養豬農友在會場等我，多位警察也在現場維持秩序，氣氛很緊張。我交代同仁轉知警察，不要觸怒農民，接著我跟理事長商量，是否直接先到餐廳吃午餐，餐後再看情形舉行說明會。

記得當時，我與地方的養豬業界領袖坐在主桌，但其他農友都沒有入座，圍著主桌旁看我吃飯。席間已聞到豬料糞尿的臭味，但我不動聲色，展現誠意。

接下來，第一道菜上桌，是一大盤豬蹄膀，因為耽誤了兩個小時，我也有點餓了，於是沒想太多，馬上把紅燒蹄膀的醬汁澆在白飯上，大口大口的吃了起來，也挾了帶皮的肥豬肉吃下口。

結果，一位原本在旁怒目以視的農友，突然大聲的用台語說，「不對、不對……，看主委吃飯的樣子，吃肥肉，是自己人喔！各位不可以亂來。」

整個會場的氣氛瞬間大逆轉，原本圍在主桌旁怒目而視的養豬農友，臉上的表情全都放鬆了，大家連聲「好啦！好啦！」，回座開始吃飯。

由於時間緊湊，我跟理事長們商量，是不是我先向在場農友說幾句話。

接著我就站上了凳子，用閩南語向大家問候，然後說：「政府完全了解加入WTO對養豬戶的衝擊很大，政府一定會有配套措施，讓衝擊降到最低，若要離牧棄養，政府一定會給予救濟與補償！」

我一說完，農友們立即給予熱烈的掌聲回應，說明會終於能順利進行，化解了一場衝突與抗爭。後來農友們雖提出了蠻多的意見，但都是理性的建議，我一一答應回去研究後，會納入相關政策調整方案中。

市場開放，畜牧產業面臨嚴厲挑戰

早在口蹄疫發生之前的民國八〇年代，在研究單位、學術機構及業界的共同努力下，台灣畜牧業無論品種改良、生產管理技術及產銷制度，都已逐步建立完善的制度，也成為外國友邦學習的典範。

然而，口蹄疫疫情發生後，畜產業在失去外銷市場的重創下，我們的畜產技術如何再進步？如何自挫折中重新站起來？又要如何因應加入世界貿易組織開放市場的壓力？每一項都是挑戰。

首先，我們面臨失去占總產值二十一%的日本外銷市場後，必須調整產業結構，建立以內銷為主的養豬產業。

台灣畜產品飼養成本較美、加、泰等國高，且由於國人偏好雞腿翅、雞腿及畜禽雜碎等國外較低價產品，國內外價差大，因此開放進口將影響國內生產。

經過專家學者評估，毛豬產業於入會後，隨進口配額之逐年增加，並於民國九十四年完全自由開放，毛豬飼養頭數將由原本產銷平衡的七百萬頭降至六百萬頭。家禽產業部分，以肉雞衝擊較大，依據評估，每進口雞腿肉一萬公噸，影響我國肉雞產業產值受損約十二億元，白肉雞生產成本須降至每公斤二十五元以下，方可有效減緩國外雞肉的進口壓力。

提前部署：實施受進口損害救濟措施

加入WTO後，對於花生、雞肉、動物雜碎、豬腹脇肉等十四種敏感農產品，我國可採行「特別防衛措施（SSG）」關稅配額制，即該產品當年進口量超過基準數量，或進口價格低於基準價格十％以上，可立即課徵額外關稅。

農委會並於民國八十四年及八十七年分別修正公告「農產品受進口損害救助辦法」，擴大適用受進口損害救助農產品範圍，以及允許在加入WTO前，實施先期產業結構調整措施。

受進口損害或有損害之虞的農產品，得依不同損害程度，採取不同救助措施。另為因應入會衝擊，農委會也規劃研擬短期價格穩定措施，依據各項產品因進口所受的損害程度，適時提供短期因應措施，以保障農民收益。

基於此，為了輔導不具經濟規模或競爭力的養豬戶及肉雞戶離牧，達到最適合產業規模，以調整產業結構，穩定國內市場價格及維護農民權益，農委會推出了養豬戶及肉雞戶的離牧補償標準及計畫，於八十八年六月三十日前完成離牧豬舍、雞舍的拆除工作。由畜牧處長陳保基負責協調推動此艱鉅工作。

在環保署依據「飲用水管裡條例」劃定並公告高屏溪、淡水河、頭前溪、大甲溪及曾文溪等五大流域集水區範圍後，農委會採取配合措施，強制區位範圍內所有養豬戶停養，以落實飲用水水源及水質。

最後共有六、七五四戶養豬戶提出申請，其中大多為飼養兩百頭以下之小型養豬戶。

在自願離牧及水源水質保護區內強制停養措施完成後，全台養豬戶數由口蹄疫前的兩萬五千餘戶降至一萬五千戶以下，但單一養豬場的飼養規模擴大，可提昇養豬場的經營管理效率與強化自衛防疫體系。

養雞產業方面，有九七三戶肉雞場提出離牧補助款申請，大多是飼養規模在兩萬隻以下的傳統農戶。

在這些養雞場離牧後，肉雞產業將集中於飼養五萬隻左右合乎經營規模的新型雞舍，不但有助於牧場的登記管理與建立防疫制度，更降低生產成本，提昇整體產業競爭力。

換言之，經由離牧拆除小場與水源區的養豬戶，以及減少養雞戶數，讓每一場的規模擴大，生產成本因具規模經濟而下降，台灣豬雞產業都有了與國外進口豬雞肉競爭的能力，

中央畜產會成立，整合畜禽產業

台灣豬隻經過多年育種改良，十分適合熱帶地區生產，其特殊風味的肉質，在口蹄疫發生前，已深受國內外消費市場喜愛，競爭力無庸置疑。當時國內豬肉消費市場有七成來自生鮮豬肉，已與外來冷凍豬肉自然形成市場區隔，並以「台灣生鮮豬肉」品牌來區隔進口豬肉，建立消費者對國產生鮮豬肉的忠誠度。

口蹄疫後，為維護與重振畜牧業，農委會完成「畜牧法」立法，讓畜牧生產受法令規範，更讓業者有規則可以依循。

依據畜牧法第二十五條，參考日本「農畜產業振興事業團」的機制，農委會捐助成立了「中央畜產會」。農委會先著手整合肉品基金會、家禽基金會、種豬基金會等三個畜產基金會，做為中央畜產會主幹。主要協助畜牧產業執行各項政策及委辦業務，透過畜禽產品產銷資訊與流通，協調個別產業代表，擬定生產數量，使國內畜禽產品不至於產銷失衡。

這個功能多元、任務重大的組織，在民國八十九年正式掛牌運作，降低國內畜牧業在我國加入WTO後的衝擊。首任董事長依章程規定由農委會分管畜牧業務的副主委陳武雄兼任。

在養雞產業政策上，依據「肉雞產業白皮書」，運用自動化技術，提高生產效率，增加業者收益，為建立國產雞肉與進口雞肉的市場區隔，農委會當年先輔導建立「台灣土雞」認證標誌，建立原種土雞育種模式，整合現有土雞品系，推動土雞電宰及建立品牌，以促進土雞產業產銷現代化。

在防治疫情上，要求各農政單位在第一時間內通報疫情與控制疫情，雙管齊下，加強豬隻疾病監控體系功能，以減少病豬造成農民經濟損失，並保障消費者權益，生產衛生安全豬肉。

當時農委會也積極強化畜牧科技研究，以開發具本土特性的畜禽產品為首要目標，並研發畜產減廢及資源再利用技術。

二十年來，台灣畜牧產業就在我們當初打下的基礎上步步前進，逐漸走出口蹄疫的陰影，更終於在一〇九年六月十六日正式接獲世界動物衛生組織（簡稱ＯＩＥ）通知、成為「口蹄疫非疫區」，這是台灣畜牧史上的重要里程碑，的確是令人鼓舞的成果。

非疫區之後的養豬策略

蔡政府突然開放美豬，百億基金輔導產業

然而，當農委會及養豬業者正歡呼在台灣變成口蹄疫非疫區，要建立毛豬出口機制之際，短短兩個月後，蔡英文總統卻於同年八月二十八日突然宣布，台灣決定對爭議十四年的瘦肉精（萊克多巴胺）美國豬肉（以下簡稱萊豬）敞開大門，將開放瘦肉精美豬美牛進口。

蔡英文總統還在記者會上強調，未來要讓台灣豬肉賣到全世界，政府將編列一百億產業基金協助產業升級。

但這一百億基金怎麼用？農委會的態度一直模糊不清，最後農委會主委陳吉仲說明，主要用於豬肉價格的市場調節穩定機制，確保台灣毛豬拍賣價格，維持在每公斤六十五元

的成本價以上，同時提昇整體豬肉產業，例如建置完整冷鏈系統、屠宰場現代化升級補助。

百億基金另會用於補助豬農提升產業競爭力，降低經營風險，例如豬隻死亡強制保險的保費補助。

進口價格差距大，衝擊養豬產業

民進黨在野時，曾大力反對含瘦肉精的美豬進口，並列舉多項健康風險與產業界衝擊，如今宣布開放，即使同步推出百億基金輔導產業，仍引發畜牧界一面倒的批評，社會各界也有重重疑慮。

萊克多巴胺是一種乙型受體素（瘦肉精），被運用於動物飼料，可增加豬隻瘦肉比率，減少養豬飼料用量，但也會造成局部豬隻緊迫、心跳加速甚至死亡，對高血壓、糖尿病、心血管疾病、腦中風與婦幼族群亦有風險。台灣和中國大陸的養豬產業都禁止使用。

從數據來看，瘦肉精美豬進口，對國人食安和產業界會造成巨大衝擊。政府雖宣稱國產豬市售占比九成，進口豬肉衝擊不大，未來將強制標示豬肉商品，國人可自行辨識和選擇，但在實務上，瘦肉精美豬的售價遠比台灣豬便宜，消費者也很難分辨餐飲加工業者使用哪一種豬肉。

尤其未使用萊劑的美國豬肉到岸價格每公斤不到八十元，可以想見有使用萊劑的豬肉價格勢必更便宜，相較之下，台灣豬肉批發價格每公斤都在百元以上，當廉價萊豬大舉進口時，台灣豬肉的前景滿布荊棘。

消費者也群情譁然，消基會發布新聞稿譴責政策粗暴，政府不應「以犧牲民眾健康權益來換取政治利益」。國內養豬業界也非常震驚，直呼意外。中華民國養豬協會常務監事林承德多次向媒體表示，過去幾任總統都說過考慮開放，養豬協會一向堅決反對，因為會危害下一代的健康，而且此次政府宣布開放前，沒有事先知會養豬協會，養豬戶感覺被出賣了。

民間團體與時代力量立委於二〇一九年九月三日舉辦「進口肉品原產地認證與加工品標示管制」公聽會，台灣農村陣線第二屆理事長洪箱在會中痛批，「美國為了中國市場生產無萊劑豬肉，卻把有萊劑的賣到台灣，難道我們台灣人是美國的二等公民？」

部分地方政府也對中央的做法不買單，包括台北市、台中市、雲林縣等地方政府都喊出要以地方自治條例規範美豬萊克多巴胺「零檢出」，台北市議會還三讀通過《台北市食品安全自治條例》修正案，明定豬肉及其產製品檢驗出瘦肉精者，要處以新台幣六萬元以上十萬元以下罰鍰。

由於國內豬農仍禁用萊劑，吃台灣豬成為民眾食安自保的最重要方式。自一〇九年底農委會推出「台灣豬」標章，因審認資格不明，爭議頻傳，失去了標章的信賴度。除了農委會的「台灣豬」標章，衛福部也有「台灣豬貼紙」，地方政府也發出不同的台灣豬貼紙，可謂是一章各表，而出現了「台灣豬」標章之亂。

民眾特別擔憂的是豬肉加工肉品，在調製後無法吃出風味差異，只能依靠標示。雖然衛福部要求散裝、包裝、加工豬肉、餐廳等，都要標示豬隻來源，但基於國際貿易「不歧視」原則，進口豬肉未能標示有無含萊劑。另外，學校營養午餐是否使用萊豬，恐危害孩童的健康，政府部門間態度不一，輿論譁然。

國民黨則力推「反萊豬公投」的連署活動，台灣自一一〇年起開放美國含萊克多巴胺豬肉進口，因未與社會大眾事先溝通即宣布開放美國萊豬的進口，引發民眾不安，因此公投連署獲得民眾熱烈支持，全民捍衛食品安全，將在一一〇年八月二十八日進行投票，結果仍有待觀察。

缺乏冷鏈系統，進軍外銷市場難

在開放美國含萊克多巴胺的豬肉進口的同時，農委會宣稱不會造成產業衝擊，台灣豬肉還可外銷，並承諾成立百億基金用以協助台灣養豬產業升級，基金運用方案中，也包括改善冷鏈系統。

但在民國一〇九年九月三日的公聽會上，環保團體直言，農委會宣稱台灣豬肉可外銷，卻忽略了國產溫體豬從屠宰、分切、運銷沒有全程低溫冷藏的事實。部分學者和肉品業者也認為，尤其台灣習慣溫體豬肉，屠宰場與肉品市場老舊，都未符合工廠HACCP（危害分析重要管制點）衛生條件，目前應該只剩信功實業公司當年為了外銷日本市場而設有HACCP。至於生鮮豬隻冷鏈運輸，台灣並不完備，絕大多數養豬業者要進軍國外市場並不容易。

另外，根據天下雜誌報導，農委會動植物防疫檢疫局確實曾與日本進行重啟台灣生鮮豬肉外銷的談判，但日方要求，台灣的傳統豬瘟，必須與口蹄疫一樣「拔針」。[1]

也就是說，豬農必須停止注射傳統豬瘟疫苗，並觀察後續是否沒有感染案例，以此做為傳統豬瘟移除的指標，台灣生鮮豬肉才有機會重返日本。

防檢局統計，台灣已長達十三年沒有傳統豬瘟確診病例，但因傳統豬瘟發病速度慢，不易察覺，養豬戶為求謹慎，多年來仍持續為豬隻施打疫苗，注射率超過九成。

農委會評估認為，採取階段性拔針，台灣很有機會清除傳統豬瘟，讓生鮮豬肉重返日本市場。但這個「理想」不是移除傳統豬瘟就能達成。台灣豬肉離開國際市場超過二十年，丹麥、美國、加拿大等養豬大國，早已各自在國際市場站穩位置，台灣如何突圍，恐非短期內可以達標。

台灣生鮮豬肉外銷的另一大問題是活體拍賣。口蹄疫爆發後，豬肉內銷都以活體拍賣為主，其實活體拍賣的問題很多，長時間運輸對豬隻和肉品的負面影響大，但因攸關太多人的利益和生計，長期以來反對改革的聲浪很大。

非疫區之後養豬政策的公平與正義

在台灣成為口蹄疫非疫區國之後，農委會表示，將採取斷絕所有重要傳染病、降低生產成本、提高競爭力、提升豬肉品質三大策略，希望在三到五年內增養一百萬頭拚出口，民國一〇九年達成向新加坡、香港、澳門輸出生鮮或加工豬肉的目標。農委會宣示「未來要成為沒有重要傳染疾病的家園」。

民國八十六年口蹄疫爆發前，台灣養豬頭數約一千五百萬頭，內外銷量各占一半，出口以日本為大宗。

事隔二十三年，根據農委會一〇九年五月的毛豬調查統計顯示，毛豬在養頭數五四九．九萬頭，畜牧場六六一二場，創歷年新低點。

面對新局勢的改變，畜牧事業面臨貿易自由化外來產品的競爭、國內生產環境的緊縮、產業社會成本內部化的要求，加上國際疫病頻傳，以及農村經濟活動重新建構的多重壓力與挑戰，養豬規模應否擴大與外銷賺取外匯，政府與業者必須審慎考慮與規劃。

從毛豬統計來看，畜牧場變少，但飼養量維持差不多，顯示牧場平均飼養規模提高，這是台灣養豬產業走向規模化與專業化的趨勢；接下來是養豬政策的公平與正義問題，也就是養豬的汙染問題、誰來養、在哪裡養、如何養，以及為誰養的問題必須釐清。

一、攸關社會正義問題——嚴格執行將污染的社會成本內部化

過去畜牧業給人的印象都是骯髒、惡臭、排放廢水，汙染河川水源。台灣後來因口蹄疫肆虐，養豬戶減少，水汙染與環境衛生獲得改善，特別在高屏溪集水區內的河川水質明顯改善。

當前各縣市有嚴格的自治條例，設定畜牧場三百至五百公尺內，房屋、機關或公共設施都不能增設，嚴加管制，將污染的社會成本內部化。環保問題應以獎勵取代裁罰，政府應該用獎勵方式鼓勵想改變設施的畜牧業者，投入更好的汙染防治設備。

二、誰來養豬

現階段環保問題嚴重，飼養兩百頭以下，因為無法提升環保設備，過去以廚餘養豬型態，在都會邊緣飼養生存的小型牧場退場會更為明顯。未來養豬場有大型化、集團化趨勢，中小型養豬戶將會逐漸淘汰；換言之，養豬企業與小農將漸漸脫節。

三、在哪裡養

在環保成本內部化之趨勢下，要找到適當的養豬專區相當困難，相較於世界養豬產業大國，台灣豬的價格競爭力很弱，若無法降低成本，即使屠宰、分切、冷鏈、檢疫、用藥都

到位，台灣豬也不易大幅增加國外市場。

四、為誰養

假如台灣豬要出口，養豬專區勢在必行。必須先在進口國政府認可下設立專區，通過檢驗後外銷到其他國外市場，並結合大型冷凍廠、養豬合作社策略聯盟，再結合學校，產官學合作成立一條龍的產業鏈。

由於台灣在周圍疫區國家的圍繞下，養豬的風險恐更加提高，養豬環境更為嚴峻，例如韓國於二〇〇〇年爆發口提疫疫情，損失頗巨，至今疫情尚未受控制，台灣的養豬政策必須從戰略與戰術層面審慎評估與規劃。

許多肉品業者都認為，台灣成為口蹄疫非疫區後，要建立以屠宰場為中心的生產鏈分工模式，發展品牌豬肉，擺脫一條龍生產模式，因為非洲豬瘟風險性極高，必須從種豬場、肥育場、屠宰廠、切割、加工廠到聯合品牌、外銷商，串聯成為強大的產業鏈，輔導業者智慧養豬，以內銷為主，此一水準的養豬頭數不致影響台灣的環境。台灣應朝養豬管理技術系統化的輸出，鼓勵業者國外投資生產毛豬。

附註

1 天下雜誌，109年6月25日，https：//www.cw.com.tw/article/5100889

第六篇

人生經營的因緣

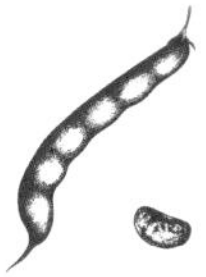

知識分子的時代角色是多元的，在太平盛世可提升時代的風向，協助明君治國，在動亂不安輿論渾沌的時代，知識分子更是時代的中流砥柱。自古知識分子即被定位為帶領時代風潮、治理國家大政、針砭時代亂象及代表民意鞭策當朝的「時代發言人」。

知識分子與政治威權的關係是很微妙的，一方面要與政治威權保持距離，以保有特殊的批判者角色；一方面卻又想與政治威權接近，以實踐自己的主張。

綜觀古今，沒有一個政權可以沒有知識分子而治國成功，古云：「馬上得天下，不能馬上治天下」，治天下不能不靠知識分子，得天下何嘗可以不靠知識分子。例如三國時代，各陣營便以吸引韜略之士為政權擴大的指標。

民國七十三年八月，我自行政院農發會到中興大學任教，自「從政」到「教學」，專心埋首於學術研究、培育人才；八十六年五月，因緣會際入閣從政，擔任行政院農委會主任委員，將多年鑽研的理念落實於政策，訂定「科技、資訊、品牌」之重點策略，以推動「愛鄉、愛土、愛咱的農產品」的理念，為本土農業的發展盡一份心力。

鑑於政務官為理念負責的態度，因「農業發展條例」中農地管理之理念無法落實，遂於八十八年十二月辭卸主任委員之職，重回中興大學任教。回顧這段政壇歷練，從「教學」到「從政」再回到「教學」，宦海浮沈、雲淡風清，但求俯仰不愧於天地。

大三立定人生目標，志在博士

我的成長過程，非常類似早年台灣經濟發展的歷程。台灣人多地少，外匯缺乏，國際局勢不利台灣，必須以教育的普及與水準的提高，提升人力資本品質，增進稀少資源的效率，創造經濟奇蹟。

我出生在北埔鄉下的公務員小康家庭，一家共有兄弟姊妹七人，父親非常重視小孩的教育。前面四位哥哥都是初中畢業後就讀職業學校，如新竹高工、新竹師範與五專，畢業就上班賺錢。我是家裡第一個上普通高中與大學的小孩，其後哥哥們與妹妹們都完成大學教育。

機會總是留給準備好的人。民國五十五年，我從新竹中學畢業後，考入中興大學水土保持系，大三便立定目標要攻讀博士，可是當時家境無法供應我出國深造。於是我很早就規劃好路徑，不敢絲毫蹉跎人生。為了讀博士，大三那一年我開始到有開研究所的農業經濟系旁聽相關課程，水保系畢業就考上中興大學農業經濟研究所。

研究所畢業之後，在學長的推薦下，於民國六十三年發生能源危機與糧食危機的局勢下，到經濟部物價督導會報當科長，當年二十八歲，應該是中央機關最年輕的九職等科長。第一次上班就有機會與當時的經濟部孫運璿部長、劉師誠次長貼身開會與討論公務，甚為珍惜。

任職經濟部，參與物價穩定方案

當時，台灣缺乏高等級的公共基本建設，如高速道路、港埠、機場、發電廠等。民國六十二年十月，全球發生第一次石油危機，油價上漲、物資短缺，導致各國通貨膨脹。受到全球經濟不景氣的影響，為提升與深化總體經濟發展，行政院蔣經國院長開始推行十項大型基礎建設計劃，擴大內需。

當時市面上各項物資都因預期上漲心理而囤積居奇，物價飛騰，米、衛生紙、水泥、鋼鐵都缺乏，甚至連新台幣硬幣都不見了！行政院於是制定「穩定當前經濟措施方案」，讓物價一次漲足，平息了市場預期心理。

記得當時韓國宣布韓圓貶值百分之二十，蔣院長指示各部會研究，新台幣是否要跟著韓圓貶值及其影響。

經濟部物價會報是主管全國物價與物資調節的類經濟警察角色。猶記得最後定案的那一天，為了保密，劉次長一早就把會報內的四位科長帶到經濟部商品檢驗局的會議室，祕密開會，討論、精算新台幣各種貶值升值比例對國內物價的影響。最後，跟各單位確定調整基調後的精算結果出來時，已是深夜十二點多，由我坐次長的公務車把研究結果送到孫部長官邸。

第二天，由於民國六十三年宣布推動十大建設，各項進口物資需求孔急，盱衡各項國內外經濟與政治因素後，行政院宣布新台幣暫不追隨韓圓貶值。

回想五十年前的這段經驗，給我非常好的機會，學習國家重大政策調整的方法與程序，受益良多，對後來從政時處理緊急而機密的事件幫助非常大。

經歷白色恐怖，無預警身陷牢籠

然而，在經濟部的這段日子，卻也讓我經歷了難忘的白色恐怖。

我從讀研究所開始，就常撰文對農業提出看法和建言，進入政府部門後也不放棄知識分子的理想和責任，仍然寫文章或與朋友、學生討論時事。

但那時是思想管制的戒嚴時代，敢說敢寫的個性總引來異樣眼光，更在不知不覺中得罪了機關的人士卻不自知。

那段時間，多次被調查單位約談，也寫過陳情書說明解釋自己的作為和想法，連我在新竹的老家都有調查員上門訪視，不堪其擾，讓我們全家陷入極度的恐慌與不安。

某一天，我接到一通神祕電話，對方在電話中說：「你不是要澄清冤屈嗎？請你明天早晨六點到警總門口報到，有人會接待你。」

翌日一早抵達警總，一位穿制服的情治人員來接我，驗明身分後就帶我進入大樓。隨後，經過一關又一關的鐵門，最後卻把我關進鐵門牢籠，上鎖後，情治人員什麼都沒說就走了。

我當場呆住了，原來這就是所謂白色恐怖對思想犯的逮捕！

接下來的一整天，沒有任何人來對我說過話。身在牢房，心中非常恐懼，但仍力持鎮定，中午有人拿著鐵餐盤送飯到牢房來，肚子有點餓，把飯菜吃完。

天黑之後，又有鐵餐盤送晚飯到牢房來，夜色已暗，開始有點心慌，完全沒胃口，一口未動。

直至深夜十一點，終於有一位穿制服的人員來開鎖，帶我到隔離詢問室，要我針對自己的言論與行為寫自白書，寫完後壓手印畫押，並接受審問。

審問過程中，我強調自己的清白，說明自己只是身為知識分子做該做的事。最後，審問終於結束，警總釋放了我，走出警總大門已是午夜一點多，我深吸一口氣，突然間覺得自由的空氣是那麼珍貴！

直到隔了一段時日，我才知道那時期間調查案承辦人是我的同鄉，也是我小學、初中與高中同學，他後來他考上中央警官學校，畢業後分派到警總服務。

事後了解，此一調查案的原因，是我在某大學夜間部兼課時，班上有職業學生向調查局舉報，宣稱我上課時有許多影射政治以及對政府不滿的言論。因此被情治單位盯上，進行了兩個多月的調查，包括在我在某大學夜間部兼課的言論、研究所求學情形與上班的言行。同學告訴我，警總研判我的個案後，認定並非組織性的活動，因此案子在警總約談後就結案，也就是那天半夜我被警總釋放後，就算結案了。

但警總的結案，不代表沒事，翌日回到經濟部上班，相關主管便要求我自行辭職。真的是晴天霹靂的消息。

這原是我剛出社會意氣風發的時刻，卻一下子被打入谷底，不知所措，從此過著一段失業的日子。

塞翁失馬，進農復會工作

失業期間，常回中興大學找我當時念土壤系的女朋友謝佑立同學。我的指導教授李慶餘老師非常關心我的情況，大約半年後，李老師告訴我農復會農經組需要增聘兩位技士，李老師推薦我去參加農經組的甄試。

農復會全名是中國農村復興聯合委員會，是民國三十七年以推動農村復興為目的而成立的專業機構，三十八年遷移到台灣，之後促成了民國四〇到六〇年代台灣農業的發展，奠定了台灣後來經濟發展的基礎。

由於美國依據《中美經濟合作協定》參與農復會會務，農復會是美援單位，不是政府機關。經由我碩士論文兩位口試委員的推薦下，經過相關程序順利進入農復會農經組擔任技士，負責農產價格與農業政策的研究。

當時在農經組服務的有毛育剛、余玉賢、陳希煌、陳月娥、高浴新等農經大前輩，而前組長李登輝時任行政院政務委員，常回農復會的顧問辦公室，與農經組的同仁聊天。

農復會是當年所有農學院畢業學生最嚮往的工作單位，承蒙命運的安排，失業的我竟然能到農復會服務，真是塞翁失馬，焉知非福！

民國六十五年，政府準備開放冷凍牛肉進口。當時的農復會主任委員李崇道博士指示農經組提出有關台灣進口冷凍牛肉對台灣肉牛與乳牛產業影響的分析。當時，毛組長責成我撰寫。

大約兩個星期，我即完成了「台灣牛肉供需之分析」技術報告（Technical report），依程序呈報給李主委。李崇道主委十分滿意，要我到主委室向主委報告與討論，並指示到農復會的主管會議（Staff conference）報告。

終於出國進修實現博士夢

農復會因為是美援機構，非常重視人才培育，每年都會資助傑出人才出國深造。我在農復會任滿三年就報考「保薦計畫」（TA Project），到台北徐州路的語言中心考試，結果我是不需接受語言訓練即可出國報考人員。

據農經組李祕書說，我是農復會第一位不用接受語言受訓可出國的人員，我心中很高興，不禁要感謝當年新竹中學英文課全英文教學的訓練。

民國六十五年十一月十一日與當時還在念中興大學土壤研究所的謝佑立結婚，她畢業後留在土壤系擔任講師。我申請到學校後，於民國六十七年八月十三日啟程赴美國伊利諾大學香檳校區，農業經濟系進修，攻讀博士學位。

當年政府規定公費出國不能攜眷，佑立在第二年申請伊利諾大學農藝系的入學許可（120）攻讀博士學位課程。後來我用了兩年四個月的時間拿到博士學位，於民國七十一年一月十三日返回原單位服務。

由於「保薦計畫」規定海外深造的時間只有兩年，在時間壓力之下，我在美國必須非常專注於上課、考資格考，及撰寫論文。記得有一次，為了盡快看到研究成果，半夜三點我還在商學院電腦中心盯著報表，遲遲未回家，太太一時心慌，以為我發生什麼事，竟然報警。

民國六十八年一月一日，美國與中華民國斷交，《中美經濟合作協定》依約自動失效。三月十五日農復會結束，三月十六日改組成立「行政院農業發展委員會」（簡稱農發會）。

農發會第一任主委是李崇道先生，於民國七十年八月接任中興大學校長，由台糖公司董事長張憲秋博士接任，至民國七十三年六月退休返回美國定居。

獲農發會張憲秋主委器重

張憲秋主委曾任農林廳長與世界銀行專家，他治事嚴謹，最為大家流傳的是他喜歡用紅筆批改公文。上簽到主委辦公室的公文，幾乎被紅筆改遍整張公文紙，然後要同仁重抄一遍再上呈，但常常又是滿江紅退回重擬，而不少公文最後的定稿又回到原稿的樣子。

我回國上班後，張主任委員即任命我擔任企劃組長，應該是當年農發會最年輕的組長。當時因中美貿易談判，為因應開放火雞肉進口與台灣稻米不得補貼出口等議題，稻作面積必須減少而推動休耕計畫。

第一次的稻田休耕計畫就是由張主委、植物生產組組長黃正華和身為企劃組組長的我共同完成。我多次陪張主委、黃組長下鄉，也到新社種苗繁殖場視察大豆、玉米、高粱種子的生產情形。

張憲秋主委非常重視糧食安全與當台灣被封鎖後農業生產的動力來源，因此推動水牛品種改良，提高換肉率與養殖頭數，發展林下經濟與林間放牧等措施，要讓水牛在平時當肉牛，戰爭時當役牛犁田。

張主委觀察世界不同發展程度國家號的數據，發現小農開發中國家在快速經濟結構調整的過程中，農產品競爭力會輸給已開發國家與落後國家。因此我們在民國七十二年共同撰寫一篇「Impact of Rapid Economic Structural Change on Agricultural Development in Countries with

Small Farms, The Case of Taiwan, ROC–The Unavoidable Productivity Lag」，在國際會議上發表。

張主委非常器重我，當年農發會裡面有一個說法是，張主委的心目中只有「三李一彭」，即李金龍（百香果）、李健全（養殖漁業）、李秀（食品加工），及彭作奎（農業經濟）。最難忘的是，張主委經常在早晨四點多打電話給我，問一些農業方面的數字。

張主委常派我代表農發會參加省政府會議，了解省政府推動有關八萬大軍與農村建設計畫推動情形。當時省府廳處長都是大老級的人物，例如農林廳是余玉賢博士、社會處長是趙守博博士。參加省府會議有機會觀摩學習李主席主持會議與下決議的邏輯，受益良多。

張主委在民國七十三年六月退休回美國定居前，特地找我到他辦公室，把他個人一些有紀念性價值的物品交給我保管，他說屆時會有人來找我拿走。

當時他當面勉勵我說，他在農復會與農發會服務多年，發現早年的李登輝技正與我，是理論與實務兼具的學者。他在農復會當植物生產組長時，李登輝技正已是農經組組長，他常和李登輝組長辯論，認為李先生的研究言之有物，具體可行，是他很尊重的農經專家。

他發現我也有李登輝先生的功力，對我說：「未來你會是一位坐直升機升官的人才，絕不是一階一階往上爬的官僚。」

當我布達擔任農委會主委時，他從美國寫一封信向我道賀及期許。信中提到他在十幾年前他所說的話，果然成真，坐直升機擔任農委會主委。李總統四十九歲擔任政務委員，我四十九歲擔任主委，真是巧合！

多方觀摩學習，增長見識

民國七十三年九月因農發會改制為農委會，我受聘回中興大學農經研究所任教，擔任所長六年。此期間李總統聘我為總統府國家統一委員會研究委員，負責與兩岸統一近、中、長期農業合作的進程規劃。那時我才三十幾歲，卻能與國之大老們一起在總統府開會，真是大開眼界。

同一時期，我也獲大陸工程公司殷之浩先生的邀請參加第一屆浩然營，與全球華人菁英，包括台灣、大陸及歐美等地年輕華人，齊聚在加州 Santa Cruz 一個月，與世界知名的諾貝爾得主及學者，如 Gale Johnson（芝加哥大學教授，中國及蘇聯專家）、Kenneth Arrow（芝加哥大學教授，一九七二年諾貝爾經濟學得主）、Robert Neetly Bellah（社會學家、加州大學伯克萊分校埃利奧特社會學教授），還有我國的孫運璿院長、余英時教授、許倬雲教授、沈君山教授和馬英九教授等人，一起討論世界宏觀問題，分享大陸與台灣的發展經驗與前瞻。

浩然營是提供給全球各地華人，演講座談，交流討論的平台。海峽兩岸的菁英在討論嚴肅課題時雖針鋒相對，課餘閒談倒也水乳交融，互相學習很多。民進黨前立委盧修一當時也參加浩然營，他很活潑，桌球打得很好，下課後常跟他一起打桌球，很難「殺死」他，是很難纏的對手。他告訴我說，他坐牢時打桌球是放封時間唯一的運動。殷之浩先生的女兒殷琪小姐當年也來參加結訓儀式。

民國八十五年八月擔任中興大學農學院長時，我獲邀參加革命實踐研究院於十月至十二月間舉辦的國家發展研究班，並擔任班長，在結業式上，代表受訓同學接受李主席頒贈的結業證書。

感受李總統的關愛

結業後的五個月，即民國八十六年五月受邀擔任農委會主任委員，於八十六年八月當選國民黨中央委員、中常委，受聘擔任中央政策會委員。

上任後的第三天，即與李總統一起參加漁民反走私誓師大會、第六天與總統一起視察口蹄疫疫情，並獲他面授機宜。任職農委會的兩年半裡，我進出總統府不下十次，李總統交代我不少農業問題，如口蹄疫期間稻草、熟肉加工出口日本、宏都拉斯松樹感染線蟲的處理等。

農委會舉辦有關農業的各項大型會議，如全國農業會議、農業科技展、中華農學會等，李總統也一定出席講話。

民國八十七年二月，李總統親自到新竹縣竹東鎮出席家父的告別式，中央的各級長官都到場弔唁，場面備極哀榮，更讓我感念李總統對我的提攜與照顧。

捍衛農地農用，拋開一切榮寵

但再多的關愛，一旦與我堅持的信念違背時，我的選擇仍是後者。

從擔任農委會主委以來，我主張在落實農地農用的前提下，雖然開放農地自由買賣，得以引進資金、技術、人才，促進農業現代化、科技化與企業化，但考量國家長遠發展，新購農地不得興建農舍。

無奈這一主張最後仍敵不過部分立委的主張，迫使國民黨黨政高層讓步，也要求我必須棄守「新購農地禁建農舍」的主張。

在這樣的大環境裡，我已覺察自己無法再在體制內為理念辯護了，即使多年來一直享有李登輝先生的關愛與提拔，即使我的堅持不讓步可能不被他諒解，但我仍堅持對自己秉持的理念負責，讓社會大眾深刻了解農地維護的重要，遂於八十八年十一月三十日提出辭呈，回到學校教書。

從政的九三九天裡，一步一腳印，秉持著學者從政有所為有所不為的理念，在位一天全力以赴，理念無法實踐時，自當揮一揮衣袖，毅然離開，但求回首來時路，俯仰不愧於天地間。

重回學術界，為國家培育人才

民國八十八年十二月回到中興大學，在學校同事的勸說與支持下，參加八十九年第十屆中興大學校長選舉，經教育部遴選委員會通過於八十九年十月上任。任內將學校受九二一大地震損壞的舊圖書館，與九二一重建委員會黃榮村執行長討論後，將原被鑑定為建築物半倒強化項目改為重建計畫，並匡列預算科目。如今中興大學新建的圖書館，成為台中市重要的校園地標建築之一。另外，校務會議通過成立校級的生物科技研究中心。

於民國九十一年十月，在國民黨大老許文志的力邀下辭去中興大學教職，到環球技術學院擔任校長。記得就職校長當天，斗六市的主要街道掛滿「慶祝彭作奎博士就任環球技術學院校長」的羅馬旗，喜氣洋洋。

民國九十二年八月，受新成立的台中健康暨管理學院董事長蔡長海邀請，到該校任教並擔任副校長，爭取到教育部教學卓越計畫，順利讓該校升格改制為亞洲大學。改大後繼續在亞洲大學擔任講座教授兼副校長，協助校務推動。

民國九十六年在中州技術學院董事會力邀下，至該校擔任校長，推動改制科技大學。到校服務經過一學期的努力，爭取到教育部教學卓越計畫鉅額補助，師生非常振奮，董事會更完全授權由我主持校務發展，全校欣欣向榮，揚帆待發。

經過三年多的努力，校舍全面拉皮，周邊的麒麟坑溪也已整治，整個校園煥然一新。我感覺時機已經成熟，著手向教育部提出改制大學的申請，九十九年六月教育部正式核准改名科技大學，並准予籌備一年。

而在同年四月改大評鑑訪視完畢時，我深具信心能改大成功。於是當時我向亞洲大學張紘炬校長表示希望回亞洲大學任教，五月底我收到亞大講座教授聘書，八月一日重回亞大任教，直至民國一〇七年二月一日，屆滿七十二歲退休。

回顧這大半生歷程，對我而言，「教學」是為國家培育人才、厚植國力，以推動國家進步，以在野之身分，進針砭之言；「從政」則是以學理帶領一群人共同為國家發展而打拚，落實理念，為實際成果負責。兩者崗位不同、角色扮演亦不同，一為打地基、一為蓋高樓，但都是以學術理論為基礎，相輔相成。

相隔十六年再見，李總統已不記得我

辭去農委會主委一職之後，第一次與李總統碰面是在民國八十九年一月，參加國民黨中央黨部的中常會會議。會後李主席約見我，那時我才辭職一個多月，他沒有對我辭職之事表示任何不悅，而是認真地和我討論連蕭競選正副總統有關新竹縣的選情，氣氛非常融洽。

兩個月後國民黨選敗，李總統辭去國民黨主席，其後因為台聯黨候選人站台被開除黨籍後，我與他便再也沒有見過面。直到十六年後的民國一〇五年五月十二日，他到台中接受中興大學頒贈名譽管理學博士學位時，我們才再次見面。

然而，在前一晚的五月十一日，薛校長舉行歡迎李總統伉儷晚宴時，李前總統辦公室王主任介紹我是農委會前主委彭作奎時，李總統卻說「我知道，你是學畜牧的。」王主任連忙提醒：「學畜牧一起去看和牛的是陳保基主委。」顯然隨著歲月的腳步，當時高齡九十多歲的李前總統把我和陳保基主委搞混了。

頒贈典禮中，有一議程是介紹李總統的生平事略。中興大學薛校長認為我是擔任這份工作的最適人選，因為我曾在李總統任內擔任過農委會主委，也擔任過中興大學校長、院長及研究所所長。在校長的熱心邀請下，只好恭敬不如從命，接受學校交付的任務，並順利完成受贈儀式。當時對李前總統的生平事略介紹，獲得在場的貴賓及校友們有極高的評價，為頒贈儀式增色不少。

四年後，李總統於民國一〇九年七月三十日逝世，八月一日我在臉書貼文追思，八月六日到台北賓館向李總統遺像行禮致敬，對老長官致上最誠摯的哀悼，感謝他一生對我的關愛與指導。

君子行不由徑，行坦蕩大道

論語有云：「君子行不由徑」，政務官擬定政策，理應為政策辯護，行坦蕩大道，絕不以政策虛晃，而以行政命令作梗，此實非大有為的政府所當為。此即是個人堅持由法令明定「新購農地不得興建農舍」，而不願以行政命令進行防堵，造成「立法不明、執法無據」，人人鑽法律漏洞，造成行政成本增高，人民無所適從的情事。

農業發展條例八十九年一月通過至今，台灣農地已支離破碎，在農工爭地局面下，農業部門節節退讓，使農地成為游資操作的不動產商品，台灣成為全世界農地最貴的國家，令人倍感心痛。

身為學者，我常思考學者的意義為何。學者與政治威權的關係是很微妙的，一方面要與政治威權保持距離，以保有特殊批判者的角色；一方面亦可實際從政，以實踐自我主張；

際遇不同，角色及功能亦隨之而異，但都應秉持學者的良知及原則，盡一己之力。

「學者從政」一直被期待成為政壇的清流，亦是政府廉能程度的指標。綜觀國民黨、民進黨的內閣成員不僅大部分均具有博士學位，且多位閣員均自教授、校長轉任而來，但台灣的政壇始終籠罩在「黑金政治」與「說謊政治」的陰霾之下，正是多年來執政者「過多妥協」及「缺乏對原則與真理的堅持」所致。

學者在教學與學術研究的領域內，追求的是真理，鮮有「人性的妥協」、「利益折衝的抉擇」，但政治則是追求動態平衡的最大藝術。因此，能否把持原則，不悖離真理，不過度為政治服務，同時能順利推動政務，在「妥協」與「折衝」間，謀取國家長久及大多數人民的利益，是高度智慧的表現，也是社會對學者從政最深的期許。

一生獨行，卻總有貴人相助

回顧自己的成長過程，因為家境清寒，少年時就有了目標，讓自己專注而不迷失。也堅信，人生一定要努力，只有努力才可能擁有，而且最美的不是成功的那一刻，而是那段努力奮鬥的過程。

我也始終慶幸，因為我的努力，幸運之神始終眷顧。回想從年輕到退休的數十年裡，自己這一生可說是幸運的獨行俠，我出身自鄉下，沒有背景，卻能在白色恐怖的陰影下進入農復會與農發會工作，受到長官器重，這段工作經歷還幫助我出國取得博士，站上「學識」的最高點。

後來離開公職，進入學界，我沒有派系，不結黨營私，但仍然有幸參與國統會與浩然營等活動，不斷有機會與不同領域的菁英接觸，增加「見識」，開啟了更宏大的視野。

在我入閣擔任農委會主委時，又有各種重大的挑戰考驗我，讓我有自信表現出「膽識」，面對各種困境和壓力時不曾退卻。

這種種經歷與路程，有喜悅，也有艱困，但我總告訴自己，愈是難以留下足跡的地方，愈要走得堅強；不管是白天還是黑夜，路一直都在腳下，只要我們勇敢往前走，就可以到達。

生活中的路如此，人生之路也是如此，一切的過去都是以現在為歸宿，一切的將來都是以現在為起點，只要願意，一定能抵達美麗的終點。

誰偷走了農地？：影響每一個人的台灣農業與農地公平正義 / 彭作奎作 . -- 一版 . -- 臺北市：時報文化出版企業股份有限公司 , 2021.04

面；　　公分 . -- (人與土地 ; 30)

ISBN 978-957-13-8769-7(平裝)

1. 農業政策 2. 農地改革 3. 臺灣

431.1　　110003600

ISBN 978-957-13-8769-7
Printed in Taiwan

人與土地 30

誰偷走了農地？：影響每一個人的台灣農業與農地公平正義

作者　彭作奎｜**編整**　邵冰如｜**主編**　謝翠鈺｜**封面設計**　陳文德｜**美術編輯**　SHRTING WU｜**董事長**　趙政岷｜**出版者**　時報文化出版企業股份有限公司　108019 台北市和平西路三段 240 號 7 樓　**發行專線**—(02)2306-6842　**讀者服務專線**—0800-231-705．(02)2304-7103　**讀者服務傳真**—(02)2304-6858　**郵撥**—19344724 時報文化出版公司　**信箱**—10899 台北華江橋郵局第九九信箱　**時報悅讀網**—http://www.readingtimes.com.tw｜**法律顧問**　理律法律事務所　陳長文律師、李念祖律師｜**印刷**　勁達印刷有限公司｜**初版一刷**　2021 年 4 月 2 日｜**初版四刷**　2024 年 3 月 15 日｜**定價**　新台幣 380 元｜缺頁或破損的書，請寄回更換

時報文化出版公司成立於 1975 年，並於 1999 年股票上櫃公開發行，
於 2008 年脫離中時集團非屬旺中，以「尊重智慧與創意的文化事業」為信念。

彭作奎

作者簡介

1947年出生於台灣新竹，畢業於新竹中學、中興大學水土保持系、中興大學農經研究所，獲美國伊利諾大學農經學博士。

研究所畢業後，先後曾任經濟部物價督導會報科長、中國農村復興聯合委員會（農復會）技士、行政院農發會企劃組組長，於1984年回中興大學農經研究所擔任教授、所長及農學院院長。於1997年5月在院長任內，借調擔任行政院農委會主任委員，於1999年12月辭去主任委員，歸建中興大學任教，2000年10月擔任中興大學校長。於2002年依政務官條例於農委會申請退職後，分別受聘擔任環球技術學院校長、台中健康暨管理學院副校長、亞洲大學副校長、中州技術學院校長，及亞洲大學講座教授，於2018年2月退休。

曾分別在駐台國際機構，亞太糧食肥料技術中心（FFTC）、台灣土地改革訓練中心，及台德社會與經濟協會擔任理事主席。也分別在國內重要學術團體，中華民國四健會協會、中華農學會、台灣農村發展規劃學會，及台灣農業資訊發展學會擔任理事長。

相關著作：

台灣農業邁向現代化之路（1991，茂昌圖書）

邁向新世紀的農業（2000，豐年社）

視覺設計｜陳文德 winder chen｜winderdesign@gmail.com

台灣的農地和農業還來得及搶救嗎？

民國八十九年農發條例修正案通過後，開放農地自由買賣，允許農地農宅興建，有如打開潘朵拉的盒子造成優良農田大量流失！執政者更有帶頭破壞農地之嫌，忽略農地流失可能引發的糧食供應危機；政治凌專業的歷史真相，多年來所發生的農地亂象！本書一一披露。

誰偷走了農地？

影響每一個人的台灣農業與農地公平正義

專文推薦

趙守博 前總統府資政
黃榮村 考試院院長
廖祿立 台灣閱讀文化基金會董事長
陳保基 台大名譽教授
許舒博 中華民國全國商業總會理事長
黃明耀 前農委會水土保持局局長

彭作奎 著

時報出版